中
国

历
代
茶
画

解
读

茶痕：一杯茶的前世今生

叶 梓 著

山东画报出版社

图书在版编目（CIP）数据

茶痕：一杯茶的前世今生 ／ 叶梓著. —济南：山东画报出版社，
2016.4

ISBN 978-7-5474-1523-8

Ⅰ.①茶… Ⅱ.①叶… Ⅲ.①茶叶-文化-中国 Ⅳ.①TS971

中国版本图书馆CIP数据核字（2015）第094205号

责任编辑 徐峙立
装帧设计 王　芳
主管部门 山东出版传媒股份有限公司
出版发行 山东画报出版社
　　　社　　　址　济南市经九路胜利大街39号　邮编 250001
　　　电　　　话　总编室（0531）82098470
　　　　　　　　　市场部（0531）82098479　82098476（传真）
　　　网　　　址　http://www.hbcbs.com.cn
　　　电子信箱　hbcb@sdpress.com.cn
印　　刷　山东临沂新华印刷物流集团
规　　格　160毫米×230毫米
　　　　　6.75印张　67幅图　200千字
版　　次　2016年4月第1版
印　　次　2016年4月第1次印刷
印　　数　1-3000
定　　价　40.00元

如有印装质量问题，请与出版社总编室联系调换。
建议图书分类：文化　知识　生活

目 录

茶史上的"鸿门宴"

　　东晋永和九年的那场雅集，虽然只是源于古代农历三月三的风俗，但于中国书法史而言，却是一个无法绕过的关键词。是日，天气晴朗，惠风和畅，微醉之中的王羲之在山阴兰亭一气呵成《兰亭集序》——这篇共二十八行、三百二十四字的手稿从此成为中国书法史上令人叹为观止的一座高峰。

　　作为传世之宝的《兰亭集序》，之后为王羲之第七代孙、僧人智永所藏，智永年近百岁之际又传给了弟子辩才。细心而谨慎的辩才在自己卧室的大梁上镂凿了一个暗格，将《兰亭集序》藏于其中，绝不轻易示人，可谓用心良苦。偏偏，唐太宗喜欢王羲之的墨迹，在当时是一个世人皆知的痴好。唐贞观年间，"六艺"之中唯独倾心书法的唐太宗，以一国之主的尊贵身份，花了大把大把的银两，立誓要收尽天下王羲之的墨宝，当然，也包括被誉为"天下第一行书"的《兰亭集序》。据《旧唐书·褚遂良传》载，唐太宗曾下令"用金帛购求王羲之书迹"，一时之间，"天下争赉古书诸阙以献"，但《兰亭集序》一直没有出现。几经打听，方知藏于辩才手中。唐太宗遂派御史萧翼去访辩才和尚，在取得辩才和尚的信任后，萧翼施巧计，为李世民取得了王羲之的《兰亭集序》。唐代何延之在《兰亭记》里记载了这个故事。

唐代画家阎立本是一位有着"丹青神手"之誉的旷世奇才，其绘画题材广泛，尤其擅长人物肖像及人物故事绘画，并以描法细腻、色彩高雅、线条灵活而著称。他将这段轶事引入丹青，应该说，这是一个画家对历史故事的文化态度，却于无意间成为中国画史乃至世界画史上的第一幅茶画。人世间总有无心插柳柳成荫的故事，这也算一例吧。

细观此画，画中有五人，中间端坐者应是僧人辩才，对面为萧翼，萧翼看似有喜悦之情掠过额际，而辩才惊慌失措得如坐针毡——如果仅有这些，自然离茶画相去甚远——画的左下角，茶事毕现：脸庞上似有一缕胡须的老仆人，蹲在风炉旁，炉上置一锅，锅中水已煮沸，茶末刚刚放入，老仆人手持"茶夹子"欲搅动"茶汤"；另一旁，有一童子弯腰，手持茶托盘，小心翼翼地准备"分茶"；矮几上，置一托盏、一小茶罐、一茶碾蜗轮——这些都是唐末煮茶的典型场景。

倘若从考古的角度讲，此画不仅记载了古代僧人以茶待客的史实，而且真实再现了唐代烹茶的茶器以及煮饮茶的过程。但据《兰亭记》可知，画里的茶只是陪衬，像鸿门宴上项庄翩翩起舞的剑，

萧翼赚兰亭图 唐 阎立本

萧翼赚兰亭图（局部）

藏着一场处心积虑的阴谋。乔装打扮的萧翼带着王羲之父子的杂帖去见辩才和尚，两人一见如故，"即共围棋抚琴，投壶握槊，谈说文史，意甚相得"。待谈及书圣王羲之，萧翼故意激将，夸称自己随身所带的帖子是王羲之最好的作品。

辩才则不以为然地说：贫僧藏一绝品《兰亭序》。

最终，萧翼用三寸不烂之舌取得辩才的信任，骗走了这幅画。

宋代吴说在《跋阎立本画兰亭序》一文里如此记述："右图写人物一轴，凡五辈，唐右丞阎立本笔。一书生状者，唐太宗朝西台御史萧翼也，一老僧状者，智永嫡孙会稽比丘辩才也……阎立本所图盖状此一段事迹。书生意气扬扬，有自得之色，老僧口张不呿，有失志之态，执事二人其嘘气止沸者，其状如生。非善写貌驰誉丹青者不能办此。"据此可知，此画是最早反映唐代饮茶生活的绘画作品，誉其为唐代茶文化之瑰宝，实不为过。但《萧翼赚兰亭图》之所以在茶文化界引起广泛的关注，似乎不在于这段一波三折的传奇故事，也不在于此画出自阎立本之笔，而恰恰在于画中内容与何延之的《兰亭记》的契合程度到底有多少！

吴说在《跋阎立本画兰亭序》文末旗帜鲜明地说："此画宜归御府而久落人间，疑非所当宝者。"可见对此画的"级别"似有怀疑，但对所绘内容还是肯定的。同样在宋代，有人却提出了戏剧性的观点：此《萧翼赚兰亭图》实乃《陆羽点茶图》。

董彦远就是否定派的代表人物。

他在《广川画跋》中将此画肯定地称为《陆羽点茶图》，并在跋文中陈述了自己的见解："将作丞周潜出图示余曰：'此萧翼取兰亭叙者也。'其后书跋者众矣，不考其说，受声据实，谓审其事也，余因考之。殿居邃严，饮茶者僧也，茶具犹在，亦有监视而临者，此岂萧翼谓哉。观何延之记萧翼事，商贩而求受业，今为士服，盖知其妄。余闻《纪异》言，积师以嗜茶久，非渐儿供侍不向口。羽出游江湖四五载，积师绝于茶味。代宗召入内供奉，命宫人善茶者以饷师，一啜而罢。上疑其诈，私访羽召入，翌日赐师斋，俾羽煎茗，喜动颜色，一举而尽。使问之，师曰：'此茶有若渐儿所为也。'于是叹师知茶，出羽见之。此图是也。故曰《陆羽点茶图》。"

继董彦远的否定之后，关乎此画流传与内容的争论，余波不断。

宋郭若虚《图画见闻志》载："吕文清家有《萧翼说兰亭故事》横卷，青锦杖饰，碾玉轴头，江南旧物。"这是关于流传的情况。

元代的《古今画鉴》载："（五代）顾德谦《萧翼赚兰亭图》在宜兴岳氏，作老僧自负所藏之意，口目可见。后有米元晖、毕少董诸公跋。少董，毕良史也。跋云：此画能用朱砂石粉而笔力雄健，入本朝，诸人皆所不及。比丘尘柄指掌，非盛称兰亭之美，则力辞以无。萧君袖手，营度瑟缩，其意必欲得之，皆是妙处。画必贵古，其说如此。又山西童藻跋云：对榻僧靳色可掬，旁僧亦复不悦，物果难取哉。"这是关乎作品内容的评论。

　　清初吴其贞《书画记》卷五著录《阎立本萧翼赚兰亭图》绢画一页，曰："褙在宋拓《兰亭记》前，此是《陆羽点茶图》也。画是元人钱舜举之笔，所有宣和小玺，是为伪造之物，卷后宋有陆放翁、葛祐之题，元有邓文原拜观，明有刘极题跋，皆为《兰亭帖》也。"

　　如此条分缕析、言之凿凿，似乎头头是道。不过，最终的结论还是留给时间来回答吧。但一个不必争论而且有据可查的事实是，此画有两卷传世，一卷藏于台北故宫博物院，一卷藏于辽宁省博物馆。其中辽博的藏本卷后有明代书画家文徵明的题跋，且被鉴定为真迹。另一个有据可查的事实是，就像晋代杜育的《荈赋》是第一篇茶赋一样，阎立本的《萧翼赚兰亭图》是中国古代画史里最早反映茶事的画作。

自娱自乐

在一个寂寞深重月光走失的夜晚，重读《宫乐图》，会莫名地联想到诗人元稹的五言绝句《行宫》：寥落古行宫，宫花寂寞红。白头宫女在，闲坐说玄宗。元稹的诗写出了那些看似风光体面的宫女们寂寥孤独的后宫生活，读来催人泪下，正如宋代洪迈在《容斋随笔》里所言及的，"语少意足，有无穷之味"。

"有无穷之味"，也是我读《宫乐图》的真实感受。

围坐于一张巨型方桌旁的十位宫女，分别有筚篥、琵琶、古筝、笙等古代乐器助兴，旁立的侍女轻敲牙板，以为节奏。陶醉其中的她们雍容自如，悠然自得，像是那一杯杯清茶把她们带到了一个极乐的世界里。稍稍细心一下，还能发现，方桌中央置一很大的茶锅，即古代的茶釜，右侧的一名宫女手执长柄茶杓，正将茶汤分入茶盏，而她身旁的一名宫女手持茶盏，似乎因听乐曲而入神，暂时忘了饮茶之事。对面的另一位似在细啜茶汤，身后侍女轻轻扶着，一派茶醉模样；蜷卧于桌底下的那只小狗温顺得如同羔羊。

如此悠闲、舒适、缓慢的茶时光，是宫女们追寻内心快乐的一场自娱自乐。在高墙深院的后宫里，她们除了茶，还能靠什么打发无聊的时光呢？

另一幅唐代的饮茶图：周昉的《调琴啜茗图》。周昉是长安人，擅长用画笔表现古代贵族妇女，他笔墨下的仕女"秾丽丰肥，有富贵气"。

承载了宫女们太多心绪的《宫乐图》，立轴，绢本设色，纵84.7厘米，横69.5厘米，现藏台北故宫博物院。据说，这件作品并没有画家的款印，原本的签题标为《元人宫乐图》，是后来改鉴为唐代的。缘何从元上溯至唐呢？那是因为宫女们的发式。唐代宫女的发髻梳向一侧，是为"坠马髻"，有的向两侧梳开，在耳朵旁束成球形的"垂髻"，有的则头戴"花冠"。如此种种的"坠马髻"、"垂髻"、"花冠"，都是唐代女性发型的典型特征。此外，绷竹席的长方案、腰子状的月牙几子、饮酒用的羽觞、侍女的琵琶横持的手法，皆与晚唐之风相近。所以，这幅《元人宫乐图》一跃而成为唐代的《宫乐图》。也有论者以为，此画"衣裳劲简，彩色柔丽"完全契合唐代工笔画的风格。沈从文先生在他晚年的《中国古代服饰研究》里采录此画，并评述说："旧题宋人绘，又作元人绘。其实妇女衣服发式，生活用具，一切是中晚唐制度。长案上的金银茶酒具和所坐月牙几子，以至案下伏卧的狷子狗，无例外均属中唐情形，因此本画即或出于宋人摹本，依旧还是唐

宫乐图　唐　佚名

人旧稿。"这幅画今已成为考稽中晚唐茶事的珍贵资料，画中的饮茶之风，同样能佐证画作年代。

大唐帝国饮茶之风兴盛，茶史上著名的《茶经》亦完成于此时。陆羽在《茶经》里极力推崇的煎茶法，改变了唐以前粗放式的煮饮法，不但合乎茶性茶理，而且赋予饮茶更加深刻的文化内涵，所以一经推出，很快得到了广泛响应。从《宫乐图》中可以看出，茶汤是煮好后放到桌上的，此前的备茶、炙茶、碾茶、煎水、投茶、煮茶等诸多繁琐程式皆由侍女们在画面以外完成，饮茶时用长柄茶杓将茶汤从茶釜盛出，舀入碗状且有圈足的茶盏饮用——所有这些，都是对唐代"煎茶法"场景的生动再现。

从这个角度讲，《宫乐图》似乎更具有文献意义——文献意义附加值的无限增大，反倒让人们忽略了宫女们内心世界里的寂寞与悲欢了。

琴声萦耳，茶香扑鼻

　　一名仕女坐于石床之上，面前是一架古琴，她正在专心调琴；其右，另一名仕女端着茶碗，像是要轻啜的样子，却又停下来了，目光注视着调琴者；再右一些的仕女，身子微微前倾，朝向调琴者。她们三个人之间分别隔着一株梧桐与一株花树，这些植物的出现，不仅让画面的布局匀称有致，还让这座唐代的庭院绿意盎然。侧立两旁的侍女，手持茶器，以茶应之。

　　这是周昉在《调琴啜茗图》里呈现的一段唐代仕女生活。

　　擅画仕女、被人誉为"周家样"的周昉，还画过一幅《烹茶仕女图》，可惜的是和另一位画家杨升的同名画作《烹茶仕女图》，像一对孪生姐妹，集体走失在漫长的时间之河里，只留下了画作名字。《调琴啜茗图》的这幅茶画，开启了琴与茶美好相遇的先河——从此以后，琴与茶，像一对高邻，更像知己，成双成对地走进了画里乾坤。

　　这是茶道与琴道的一次握手言欢。

调琴啜茗图　唐　周昉

　　中国是茶叶的发源地之一，茶从最初的药用逐渐发展为饮用，再到后来发展成具有一定程序的茶道，走过了漫长的几千年历史。在中国茶道里，最讲究的就是和、静、怡、真，"和"是中国茶道哲学思想的核心，是茶道的灵魂；"静"是中国茶道修习的不二法门；"怡"是中国茶道修习实践中的心灵感受；"真"是中国茶道通过茶来寻找生命真谛的终极追求。茶道的理想是安贫素，远荣利，从容淡泊，静心尘世。这其实与陆羽在《茶经》里论及的茶"最宜精行俭德之人"异曲同工。"琴者，情也；琴者，禁也"，此"情"此"禁"，正是中国古琴追求的清、正、平、和，与茶道恰好一脉相通。

　　早在遥远的神农氏时代，为了这场高山流水的相遇，琴与茶就出发了。神农尝遍百草而得茶，他还"削桐为琴，绳丝为弦"，发明琴瑟，流传至今的古琴样式里就有"神农式"。

如果说《调琴啜茗图》是琴茶相随的一次发端，勾勒了古代仕女在骑马、舞剑、歌舞之外的一段世俗生活，那么，后来的历史流变中的琴茶如影相随，既是文人闲适生活的写照，亦是寄存隐逸思想的一处后花园。

诗人白居易就写过一首《琴茶》，其诗曰：

兀兀寄形群动内，陶陶任性一生间。
自抛官后春多梦，不读书来老更闲。
琴里知闻唯渌水，茶中故旧是蒙山。
穷通行止长相伴，谁道吾今无往还？

晚年的白居易，赋闲在家，除了读书，就是听琴、品茶，算得上是独善其身。但他心里终究是不平静的，期待着有一天能够重返长安。平时，壮志未酬的遗憾靠什么来排解？就是琴与茶。虽然诗里头的"琴里知闻唯渌水，茶中故旧是蒙山"后来成了四川蒙顶山茶的免费广告，但这绝非他的本意，他想说的一定是四川雅安的这款茶曾经陪他度过了一段心绪难平的时光。也许，他更想说的是，琴与茶，是一介文人，尤其是归隐之心欲罢还休的文人的左臂右膀，离开不得。

　　唐寅在《事茗图》里画了一个携琴而来的文人，把琴声巧妙地隐藏起来，他到底会不会抚琴一曲，谁也不知道。而在《琴士图》里却直截了当地画出了一段琴声萦耳、茶香扑鼻的文人生活。翠绿的山松、抚琴的高士、精致的茶壶以及并陈的香炉古鼎，如此风雅的时光，其实是每个文人藏在心底的白日梦，欲说还休，欲罢不能。清代项圣谟的《琴泉图》更是匠心独运：扑面而来的一条长桌上的一架深色无弦的古琴，大大小小高高低低的几件贮水的缸、坛、桶、盆、瓮。他略去了试泉的高士与山僧，但分明又能让你如临溪亭，这也是力透纸背的真功夫。

　　相比之下，陈洪绶的《停琴品茗图》就要冷寂萧索一些。此画作于徐渭故居青藤书屋。2012年的春天，我慕名踏访青藤书屋，

《琴士图》　明　唐寅

它深藏于绍兴古城一条清幽小巷。去的那天春雨霏霏，游客稀少，站在天池面前，我忽然想起这幅画，而且固执地认为陈洪绶一定在这里喝过茶、论过道——扯远了，回到《停琴品茗图》，此画构图简单，人物造型下丰上锐，与古代的高士一脉相承，是陈洪绶迥异他人的造型语言，恰好也让画面弥漫着一股经久不息的清冷之气，仿佛这是深秋某日的一次雅集，甚至，屋外早早地飘起了片片雪花。他的另一幅《闲话宫事图》里同样出现了一个操琴的男子，长条桌上，茶壶、茶杯、贮水瓮、茶盒，一应俱全，而且，对面一位持卷的仕女让人很自然地联想到红袖添香——如此看来，温暖如春的红袖添香，不光是世俗以为的递茶送水，最好还能举案齐眉一起读书。

　　无事翻闲书，是人生一乐。每每翻到这些古琴与茶如影相随的墨迹，无论隐逸还是欢宴，都能让人对古代生活充满敬意。其实，想想古人的生活也真是比我们有意思，琴棋书画诗酒茶，哪样不雅致？现代社会的飞速发展，让纸醉金迷的都市里除了霓虹灯的耀眼纷呈，就是混合着钢筋混凝土的冰冷无情，当我们误把欲望当理想的时候了，奔跑的脚步始终停不下来——不但停不下来，而且越跑越快，于是，错过了需要慢下来才能相遇的茶与古琴。抚琴一曲，香茗一杯，这样的风雅，在我们的日常世界里似乎越来越远了。

　　这几年，我南迁杭州生活，有幸参加过几次所谓的雅集。地点就在湖光潋滟的西湖边，浙派古琴的传承人、持证上岗的高级茶艺师以及明前龙井，一应俱全，但我始终没有感受到盈盈的古意。听琴品茗之际，抬头一看，满目皆为铺天盖地的巨幅广告牌和奔涌不息的游客，哪有心思听琴喝茶，恨不得早早躲在书斋里。况且，琴是茶的背景音乐，也是茶的一部分，而非奢华的点缀；茶是操琴人累了的一处港湾，亦非风花雪月。我理想的琴茶世界，应当在风烟俱净的山水里，有"空山新雨后，天气晚来秋"的宁静悠远，有"坐看月中天"式的物我两忘的陶醉。

　　琴茶似金风玉露，一朝相逢，便胜却人间无数。可惜，我们回不到那个朝代了。

雅　集

中国古代的皇帝里，我偏爱南唐后主李煜和宋徽宗赵佶。他们虽是三流的皇帝，却都是一流的皇帝文人——李煜善诗，赵佶善画。南唐后主李煜的一句"问君能有几多愁，恰似一江春水向东流"，写尽了人间的哀愁。宋徽宗赵佶简直像投错了胎，虽然处理国事时昏庸无为捉襟见肘，但书画茶艺却无人能及。读诗人阳飏的《墨迹·颜色》一书，方知明宣宗朱瞻基也是一位皇帝画家，其画作《武侯高卧图》气定神闲，但他能把一国之事打理得井井有条。然而，李煜和赵佶的历史际遇却大相径庭了，且不说国破人亡的悲痛，内心里经历的那些大开大阖的悲欢，已经够他们承受的了。

我以为，这与他们太多的文人情结不无关系。

比如赵佶，诗书画印样样皆精，唯独国事一塌糊涂。细观赵佶的人生，简直就是一介痴情的茶客，哪像是一国之王。他不仅潜心写作了茶叶专著《大观茶论》，还亲自引导福建北苑官焙茶园开发了数十种贡茶的新品种，在皇宫里设立专门的楼阁贮藏好茶。他对茶道的痴迷，几近癫狂的程度，兴致来了，会放下一国之君的尊贵架子，亲手为宠信的官员们点茶。如此可爱的皇帝，真应该退守于北宋年代一条幽深古僻的巷子里，穿一件蓝衣长衫，过上真正的隐居生活，弹琴品茗，诗书相伴。

赵佶常常将茶事引入丹青，《文会图》就是其一。

这是在一座安静优美的庭园，旁临曲池，石脚微显，栏楯围护，垂柳修竹，树影婆娑，树下设一大案，案上有果盘、酒樽、杯盏等。文士雅士围坐案旁，或端坐，或谈论，或持盏，或私语，儒衣纶巾，意态闲雅。不远处的竹边树下两位文士行拱手礼，似在寒暄——其中的一位，是从矮几上离席之后前来迎接的人么？垂柳之后设一石几，几上瑶琴一张，香炉一尊，琴谱数页。端杯捧盏的侍者往来其间，其中一侍者正在装点食盘，一童子手提汤瓶，意在点茶；另一童子手持长柄茶杓，将点好的茶汤从茶瓯盛入茶盏。最前方是一茶床，旁设茶炉、茶箱等物，炉火正炽，上置茶瓶——更有意思的是茶床之左，坐着一位青衣短发的小茶童，左手端起茶碗，右手扶膝，正在品饮，像是渴极了的样子。

一个不问时事、淡泊名利的人，也许愿意穿过时间的隧道，加入到这场盛大的雅集中吧。五代画家丘文播在赵佶之前也曾画过《文会图》，亦是品茗听琴之雅事，但与赵佶的这场茶宴相比，显然逊色多了。相较之下，丘文播的雅集单薄，赵佶的深厚，更重要的是赵佶的深厚里透着纤尘不染的明净之感。明净，是宋徽宗时期画院派作品的艺术特质，在这场雅集里也显现出来了。赵佶在画中用力勾勒的正是自己心中明净的理想世界：且饮，且谈，不问朝政大事，只谈琴棋诗画，图右上侧的题诗可以为证："题文会图：儒林华国古今同，吟咏飞毫醒醉中。多士作新知人毂，画图犹喜见文雄。"图左中为"天下一人"签押。左上方另有蔡京题诗："臣京谨依韵和进：明时不与有唐同，八表人归大道中。可笑当年十八士，经纶谁是出群雄。"

大宋王朝，点茶盛行。宋徽宗在《大观茶论》里如此详尽地论及点茶：

> 点茶不一，而调膏继刻，以汤注之，手重筅轻，无粟文蟹眼者，调之静面点。盖击拂无力，茶不发立，水乳未浃，又复增汤，色泽不尽，英华沦散，茶无立作矣……五汤乃可少纵，筅欲轻匀而透达，如发立未尽，则击以作之；发立已过，则拂以敛之。结浚霭，结凝雪，茶色尽矣。

毫无疑问，如此繁复奢华的点茶，需要同样繁复的一整套茶器来完成。在《大观茶论》里，同样也能读到不少关于茶器的真知灼见。比如："盏色贵青黑，玉毫条达者为上，取其燠发茶采色也"；比如："茶筅以觔竹老者为之，身欲厚重，筅欲疏劲，本欲壮而末必眇，当如剑瘠之状"；"瓶宜金银，小大之制，唯所裁给"；"构之大小，当以可受一盏茶为量。"这些句子都能从《文会图》的那张大案上找到具体物证，所以说，《文会图》毫无愧色地担当起了真实再现宋代点茶宏大场景的重任。

读完这些文字，再品《文会图》，让人忍不住想，在那个遥远的适合文人生活的宋代，从"云脚散"再到最后"咬盏"的点茶，不仅仅是一种茶道，还是文人雅士们淡然人生的一种生活方式：抛尘世纷争于度外，煎一炉水，瀹一瓯茶，焚香展卷，掩卷弹琴，琴罢品茗，一派儒雅悠闲气象。

文会图 宋 赵佶

題文會圖

儒林華國古今同
吟詠飛毫醒醉中
多士作新知入轂
畫圖猶喜見文雄

韻和進

明時不與首唐同
八表人歸大道中
可笑當年十八士
經綸誰是出群雄

白業誰依

一点江湖

关于斗茶，最早的记录，应该算唐代无名氏《梅妃传》里的句子："开元年间，（唐）玄宗与妃斗茶。顾诸王戏曰：此梅精也。吹白玉笛，作惊鸿舞，一座光辉。斗茶今又胜我矣。" 不过，历史上最讲究、最热衷于斗茶的则是宋代。茶道兴盛的宋代，迎来了历史上少见的斗茶高潮。至于如何斗茶，宋代唐庚的《斗茶记》写得较为详细：

> 政和二年三月壬戌，二三君子相与斗茶于寄傲斋，予为取龙塘水烹之，第其品，以某为上，某次之。

政和是宋徽宗的年号，因此坊间有人误以为斗茶始于爱茶至极的宋徽宗。其实，斗茶之风始于唐而风行于宋。古代的斗茶，是茶农茶商为了选择出最佳的贡茶而开展的一场没有硝烟的"茗战"。自唐朝起，斗茶之风渐渐传续下来，先于贡茶之地，后于宫廷、富豪、文人雅士之间，再到黎民百姓，至宋代蔚然成风，"茗园赌市"几乎成了十分普遍的社会现象。宋代诗人范仲淹写过一首《和章岷从事斗茶歌》，他把斗茶的原因、情形以及意韵描绘得淋漓尽致。

就这样，初听起来有点与茶的清静雅寂之格调格格不入的斗茶，实乃藏于茶史深处的"一点江湖"，这"一点江湖"又于品饮之外呈现了一个别开生面的世界。

刘松年的《茗园赌市图》，画的就是这档宋代旧事。

刘松年，钱塘（今浙江杭州）人，生于1155年，卒于1218年，南宋孝宗、光宗、宁宗三朝的宫廷画家。因居于清波门，故有"刘清波"之号——清波门又名"暗门"，故亦称其"暗门刘"。我南迁杭州后，每次经过清波门时总会想到，刘松年曾经在这一带画过画呢。刘松年画人物、山水，师张训礼而又名声盖师，与李唐、马远、夏圭合称为"南宋四家"。刘松年一生画过不少茶画，但流传下来的不多——我有限的视野里只见到了《撵茶图》、《卢仝烹茶图》和《茗园赌市图》。

现藏于台北故宫博物院的《茗园赌市图》，应该算一幅人物画了。四个提茶瓶的男子正在斗茶，这四人各具情状：一人似已喝完，正在凝神细品，一人正在举碗而喝，一人正在擦拭衣服，一人正往茶碗里倒注茶汤。其右，有一茶贩，立于茶担一侧，左手放在茶担上，右手罩在嘴角，似在吆喝，茶担上的"上等江茶"四字隐约可见——莫非，这是江南一带的民俗图？茶贩之右，是一手拎壶一手携一稚童的妇人，且走且观斗茶。画的左侧，还有一位被吸引的茶客，在驻足回头观望。八个人里，男女老少，悉数登场，但他们各具特色的表情却集中在斗茶上。如此一来，一幅鲜活饱满、生动逼真的宋代街头民间茗园的斗茶图展现在面前。

《茗园赌市图》更像是一幅风俗画，散发着民间的气息。有论者认为，《茗园赌市图》是中国画史上首次反映我国民间饮茶的画作——依我看，它的价值远不止这些，它还传达出了这样一条文化信息：茶回到了民间，回到了贩夫走卒的日常生活中间。此前的茶画里，茶是一种身份的象征，是达官贵人、文人雅士的杯中之物，而刘松年在《茗园赌市图》里给茶赋予了底层的烟火气息，让茶成为贩夫走卒们日常生活的一部分，是他们柴米油盐之外快乐的人生际遇。往大里讲，这是宋代以后市井文化开出的一朵奇葩。

当然，这快乐是因为一次小小的"赌"！

这里的"赌"绝非赌徒之行为，不似当代贪官富豪们去澳门的那种赌，而是一种等同于甚至高于文人雅士们儒雅的艺术行为。也许，从本质上讲，这极有可能是古代茶行业里先品后销的一种营销模式，然而在茶史上却是一种延续数千年的文艺活动。当这种实实在在的文艺活动出现在丹青世界里，就成了妙趣横生的"明争暗斗"。

宋末元初的画家钱选，模仿刘松年《茗园赌市图》笔意，画过斗茶图，虽美其名曰《品茶图》，而实为"斗茶"，而且比刘

茗园赌市图　宋　刘松年

松年的赌市图斗得更欢、更有节奏。再后来的赵孟頫，亦作过《斗茶图》。有趣的是，赵孟頫的《斗茶图》与钱选的《品茶图》几乎如出一辙，除了右上方那个侧目而视的茶人之外，其他的动作与神情，像是钱选的翻版。

再往后，斗茶之画就少见到了。

斗茶图　宋　佚名　元　赵孟頫　仿

卢仝煮茶，侧耳松风

先从卢仝说起。

卢仝，约生于795年，约卒于835年——典籍里生死年月不详的卢仝，给人一份神秘感——但他系"初唐四杰"之一卢照邻的嫡系子孙，则是确切无疑的。早年隐于少室山的卢仝，虽然博览经史、工诗精文，却不谋仕进，后迁居洛阳，家贫，虽破屋数间但图书满架。唐文宗大和九年（835），一场图谋诛灭宦官的"甘露之变"以失败而告终时，留宿宰相王涯家的卢仝同时遇难。据清乾隆年间萧应植等所撰《济源县志》载，河南济源县西北十二里武山头有"卢仝墓"，山上还有卢仝当年汲水烹茶的"玉川泉"。

有这样一眼清冽的山泉相伴，也不枉他好茶成癖的短暂一生。

曾著有《茶谱》的卢仝被世人尊为"茶仙"，我猜测，"茶仙"之名一定与那首著名的《走笔谢孟谏议寄新茶》有关吧。在这首传唱千年而不衰的诗中，有关"七碗茶诗"的那几句读来让人有得道成仙的感觉。好的文字如此，好的茶也如此么？这几句脍炙人口的诗，他是这样写的："一碗喉吻润，二碗破孤闷。三碗搜枯肠，惟有文字五千卷。四碗发轻汗，平生不平事，尽向毛孔散。五碗肌骨清，六碗通仙灵。七碗吃不得也，唯觉两腋习习清风生。"这哪是在说茶的功效，简直像一个成仙得道之人的喃喃自语。这几句诗后来简记为《七碗茶歌》，且在日本广为传颂并演变为"喉吻润，破孤闷，搜枯肠，发轻汗，肌骨清，通仙灵，清风生"的日本茶道，不过，这已经是一个关于茶文化传播的话题了。

纵观中国古代画史就会发现，与著有《茶经》的陆羽比肩而论的"茶仙"卢仝，是古代丹青世界里的一个标志性文化意象。

我见过的年代最久的"卢仝煮茶图"，是南宋画家刘松年的《卢仝烹茶图》，这是他《斗茶图》的姐妹篇。刘松年在画面上设有石、树，石是山石，嶙峭壁立；树是松槐，交错掩映，卢仝拥书而坐于景色秀美的山水之间。明代都穆在《刘松年卢仝烹茶图跋》中对此略记如下："玉川子嗜茶，见其所赋茶歌。松年图此，所谓破屋数间，一婢赤脚举扇向火，竹炉之汤未熟，而长须之奴复负大瓢出汲。玉川子方倚案而坐，侧耳松风，以俟七碗之入口。可谓善于画者矣。"

宋元之际的钱选，也画过卢仝煮茶。这位隐居不仕、且以善画隐逸之作而闻名的大画家，与刘松年有所不同的是，他让卢仝身着一袭白色长袍，神清气扬地席地而坐于一片山坡上，左手执诗书经卷，右手掌茶罐茶盏，一派崖穴高士模样——当然，这些并

卢仝煮茶图　宋　刘松年

卢仝煮茶图　元　钱选

没有从根本上脱离刘松年笔下的卢仝——有所变化的是，刘松年笔下那个"复负大瓢出汲"的长须奴改为一旁站立的孟谏议所差送茶之人了，赤脚的女婢改为红衣蹲坐的老婢，同时，平缓的山坡上出现了宽叶芭蕉和瘦皱漏透的太湖石，它们让整个画面充盈着浓厚的隐逸之气。其实，画的点睛之笔还在于画中三人的眼神全部聚焦于茶炉，自然而然地形成了一个视觉的焦点。整个画面构图简练，格调高古，把卢仝置于山野崖畔，体现了卢仝"恃才能深藏而不市"（韩愈语）的超逸襟怀。多年以后，1785年，乾隆皇帝在这幅画的上半部分题了诗："纱帽笼头却白衣，绿天消夏汗无挥。刘图牟仿事权置，孟赠卢烹韵庶几。卷易帧斯奚不可，诗传画亦岂为非。隐而狂者应无祸，何宿王涯自惹讥。"

我总以为，此画是钱选对卢仝的一次遥遥致敬。

再后来的明代人物画高手丁云鹏，在表现卢仝煮茶时，取意独特，别出心裁，与刘松年、钱选皆不同。他把卢仝煮茶的情景从辽阔的山水退回到一所小小的庭院。庭院小了，芭蕉却大了，大得让人惊艳，大得让人咋舌，而卢仝手执羽扇，目视茶炉，而且，有一个身着黄衣的仆人提着水壶来了，另一赤脚的仆人双手捧果盘而来，一把青铜风炉正在烧壶煮水，壶，是单柄壶。如果说这些意象来自卢仝"柴门反关无俗客，纱帽笼头自煎吃"的诗句的话，那么，左右两侧的仆人则是取了诗人韩愈在《赠卢仝》一诗里"一奴长须不裹头，一婢赤脚老无齿"的诗意。想想，丁云鹏真是有心人，

玉川先生煎茶图　明　金农

提笔动墨之前，肯定读了不少卢仝的诗以及有关卢仝的诗。

《玉川煮茶图》，纸本，设色，纵 137.3 厘米，横 64.4 厘米。这幅画作是丁云鹏于万历四十年（1612）在虎丘为陈眉公而作。清代曹寅还给此画题诗："风流玉川子，磊落月蚀诗。想见煮茶处，顾然麾扇时。风泉逐俯仰，蕉竹映参差。兴致黄农上，僮奴若个知。"

陈洪绶笔下的《玉川子小像》，一主一仆，造型高古，衣衫圆润，真有点卢仝诗歌里"习习生风"的感觉。

在搜阅有关卢仝煮茶的古代画作时，我曾想，一生信佛亦爱茶的"扬州八怪"之一金农，应该也会画画卢仝的。果然，不出所料，晚年的金农真画过卢仝煮茶。他给画作直呼其名《玉川先生煎茶图》，在题款中坦言："宋人摹本也。"然而，金农虽摹宋人之本，却独出新意，匠心独运，既让卢仝安坐于一片池塘边的芭蕉林下，又给他一把用以扇火的芭蕉扇。我还注意到，那个汲水的老婢用的杓子，手柄长得令人惊讶，透出一股老玩童的可爱来。宋代的画册里，鲜有芭蕉出现，而金农既摹宋人，又委以芭蕉，足见金农摹宋人题材又能脱胎而出的过人之处。

这一张张古画中煮茶的卢仝，或怡情山水，或畅饮庭院，或芭蕉掩面，或长袍飘飘，其实都是作画人心底里气象万千的白日梦，这白日梦是失意后的隐逸，是喧嚣后的散淡，甚至是决计抽身俗世远离人间纷扰的一种欲罢不能。

陆羽回到了辽阔的山水间

陆羽著经，卢仝作歌，这是茶史上的两个标志性人物。就连我曾经生活十余年的西部小城天水的一家茶叶店的门面上，都贴着这样一副对联：采向雨前烹宜竹里，经翻陆羽歌记卢仝。卢仝煮茶已经是丹青世界里的一个文化意象，陆羽与茶就更不是画史里的新鲜事。如果说画家多描绘卢仝煮茶缘于那首飘飘欲仙的七碗茶诗，那陆羽自然是因了那册数千字的《茶经》。

一册《茶经》问世，陆羽也从人到神了。当然，这个神，是"茶神"的神。

但画中的陆羽，比起卢仝就少得多了。按说，卢仝的一首茶诗，在茶史上的意义远逊于《茶经》，可偏偏画卢仝的多过画陆羽的，这真是一个有意思的现象。在我有限的视野里，除了元代赵原的《陆羽品茶图》、明代的文徵明以外，很少有画家以陆羽为题，这种现象直到清代以后才有所改观。

赏读赵原的《陆羽品茶图》，远山隐约，溪水清冽，水墨的山水清远恬静，繁盛树林里有茅屋三两间，峨冠博带的陆羽正在指点一侍僮对炉烹茶。这般画法恰恰符合时人对他的评价："远山近坡用披麻皴，皴笔圆转虬曲，颇多侧锋，树法书落，学董巨而有变化。"画中题诗曰："山中茅屋是谁家，兀会闲吟到日斜，俗客不来山鸟散，呼童汲水煮新茶。"藉此可知，此画当是赵原取意陆羽隐居湖州苕溪一带的生活。据《陆羽传》载，他于"上元初，结庐于苕溪之湄，闭关读书，不杂非类"。如此寂寞淡远的生活，让善于表现清远萧瑟之风格的赵原引以丹青，既是陆羽人生经历的确切注脚，更是时代的需要。

自元以来，茶艺里的哲学意味一下子深了。上至官宦达贵，下至黎民百姓，似乎集体放弃了宋代以来对茶器礼法精致华丽的过分追求，而是更加主张与大自然、与山水天地的交融。反映在茶画上，就是更注重其内在的思想韵味，从而开始忽略对茶艺具体技巧的刻意描摹。

赵原在《陆羽品茶图》里，就把这位茶史上的伟大人物设意于一个辽阔的山水之间，突破了唐宋以来以书斋庭园为主的局限。往小里说，这是把陆羽移到山川旷野中去，藉此体现一种广阔的胸怀；往大里说，开启了茶画里以山水为主导的大幕。当然，这种价值取向也是元代文人与社会现实不容的一种必然反映。在那个"人分十等，十儒九丐"的时代里，空有满腹诗书却无用武之地的文人们，除了浪迹深山老林，还能去哪里呢？

山中茅屋是誰家

兀坐閒窗到日斜

俗客不來山鳥散

呼童汲水煮新茶

陆羽烹茶图　元　赵原

明代的文徵明也画过一幅《陆羽烹茶图》，是给多年不见的好朋友如鹤的赠画。作此画时，文徵明经历了科举仕途上的屡屡失败后，受工部尚书李充嗣的推荐在京城经过吏部考核后被授职低俸微的翰林院待诏。然而，翰林院里同僚的嫉妒和排挤，让他颇为不快，于是上书请求辞职。因此，他的画里充溢着一股郁结之气，画中的自题诗借陆羽煮茶说出对隐居生活的向往。作为吴门画派中最长寿的一位，文徵明最终"置笔端坐而逝"时，这些不快不知放下了没有？

唐寅也画过《陆羽煮茶图》，据说，是一幅"韵远景闲，澹爽有致"的佳作，百年之后被一位叫喻政的明代茶客收藏。此人编过一册《茶集》，把关乎茶的诗文辑为"文类"、"赋类"、"诗类"、"词类"，在当时的茶界有较大的影响力与号召力。他收藏的这幅带有文徵明的题咏的《陆羽煮茶图》，在身边的圈子里引起了小小轰动，他们纷纷题诗，喻政将其编为《烹茶图集》，并撰写了一篇后记。这种因一幅茶画而带动的茶文化的传播，在古代还是不多见的。

当代画家里，范曾画过不少陆羽。然而，总体的感觉是回到了人物画的老路上，看似在人物的神态上用足了劲，但少了更广阔的背景——没有了苕溪一带的辽阔山水，陆羽的神韵就会大打折扣。

撵茶之美

宋代以来，茶事进入了追求精致的时代，具体讲，就是点茶的出现。所谓点茶，大致程序有备茶、备水、起火、煮水、注水、点茶、分茶、饮茶、洁器、储器等十项：

备茶：包括炙茶（唐代以炙茶发茶香，宋代新茶不用炙，仅陈茶先以沸水渍之，括去外表膏油一两层后，再用铁铃夹茶以微火炙干）、碾茶（将团茶碾碎）、罗茶（即过筛）；

备水：水以山水为上品，江水次之，井水为下品，水须经漉水囊过滤后置于水方中。

起火：将打碎的木炭置于风炉，生火。

煮水：经过前面备茶手续后，茶一遇汤即茶味尽发，因此水不可过沸，须用嫩汤。

注水：将煮好的水注入茶瓶。

点茶：宋代的饮茶法称为点茶法，所谓点茶是将茶末倒入茶盏之中，加入开水，用茶匙在碗中用力搅拌，使得茶末和水相互混合成乳状茶液，表面呈现极小的白色泡沫，宛如白花布满碗面，茶盏内水乳交融，茶液会极为浓稠地黏附碗边——是谓咬盏。茶末颗粒愈小，茶愈不易现水痕；搅拌愈有力，茶愈易咬盏，这才是最好的茶。

分茶：即用瓢分成一碗碗茶。

饮茶：因重浊凝其下，精英浮其上，为避免凝浊，须趁热连饮。

洁器：即洗洁茶器，处理渣滓。

贮器：即收拾茶器。唐代将茶器放在具列上，宋代则置于茶盘上。

想想，这是一场多么隆重、浩大而繁复的茶礼呀。这种茶礼从开宝末年开始，到明太祖洪武二十二年废团茶为止，主导了中国茶文化整整四百余年。它之所以兴盛于宋代，既有经济繁荣的物质基础，亦有文人雅士闲情逸致的个人追求。总之，它与唐代的煎茶法旗帜鲜明地区别开来了。就是如此繁复的一套茶礼，刘松年在《撵茶图》里举重若轻地记录下来，更为绝妙的是，他将宋代点茶茶艺的碾茶、煮水及注汤等过程，融汇于一场文人雅集当中，既从容不迫，又恰如其分，真是一件了不起的事。

《撵茶图》，绢本，淡设色，纵66.9厘米，横44.2厘米，现藏于台北故宫博物院。

宋代那个因"梅妻鹤子"而披上神秘色彩的隐士林逋，是这样描写点茶的："石碾轻飞瑟瑟尘，乳香烹出建溪春。"这样的

撵茶图　宋　刘松年

句子让人觉着点茶不仅是艺术活儿，更像体力活儿。其实，赏读刘松年的《撵茶图》，也要以静观动，要把画中人物设想为不停地来回走动、忙前忙后——如果稍稍运用一点想象力的话，《撵茶图》就是一部古代的微电影，人物、情节，一个都不少。

画之右侧，有三人出场，一僧人正在伏案执笔作书；一羽客相对而坐，意在观览；一儒士端坐其旁，似在欣赏。这应该是一场"微电影"的主题：小型的文人雅集。画之左侧，一个头戴幞帽、身着长衫、脚蹬麻鞋的人，跨坐于长条凳上，正在转动石磨磨茶，神态专注，一幅慢工出细活的场景。在他的不远处，横放一把茶帚，是用来扫除茶末的；离他不远的另一个人，站于茶案前，左手持茶盏，右手提汤瓶点茶，煮水的风炉、茶釜、贮水瓮，桌上的茶筅、茶盏、盏托，以及茶罗子、贮茶盒等器具，一应俱全。这样的人物与器具，让人不难联想到这样一个过程：把磨好的茶用拂末收集，放置于桌上的分茶罐中，然后由另一人开始点茶，先从右手覆荷叶盖的大水瓶中，用水瓢取水入铁瓶，放在风炉上面煮水，煮至汤嫩水熟后倒于茶瓶，再从分茶罐中用茶则取出茶末，放入大汤中，加注嫩汤热水后，拿起茶筅，用力点拂，至水乳交融、白沫泛花时，复用茶杓分茶。

一切就绪了，就送给右边写字画画的僧人和观赏的雅士了。

刘松年以工笔白描的手法，细致详尽地呈现了宋代点茶的全部过程，完美得令人叫绝。这位擅长人物画的宫廷画家，涉及茶事的传世作品并不少，除了《撵茶图》，还有《斗茶图》、《茗园赌市图》、《博古图》。《博古图》里对点茶也有所呈现，只是此画以鉴赏古物为主题，点茶只是场景之一，被当作陪衬与配角了。

乘　凉

一位高士，翘足，仰卧，袒胸露怀，闭目养神。在他伸手可及的茶几上，放着卷宗、茶漏。一阵夏天的风从他身边吹过，带走了燠热。他眯了一会儿，起身喝茶，然后，又躺下闭目养神——如此重复几次，一个下午就闲散怡然地过去了。

这是宋代的《槐荫消夏图》给我们描绘的场景。

这幅画原载《历代名笔集胜册》第一册，签题王齐翰作。据《宣和画谱》（卷四），齐翰，金陵人，事江南主李煜为翰林待诏，"画道释人物多思致；好作山林丘壑隐岩幽卜，无一点朝市风埃气"。今存有《勘书图》，即《挑耳图》。其实，作者究竟是谁，已经不重要了，重要的是每当盛夏来临，读此画，总有一股清凉之风扑面而来，这俨然成了我的一味消暑秘方。

读此画，我总能想起另一幅画：《武侯高卧图》。

这幅出自明代朱瞻基的画作，画的是诸葛亮隐居南阳时的一个生活片断。他同样是袒胸露腹，头枕书匣，高卧于一片葳蕤树

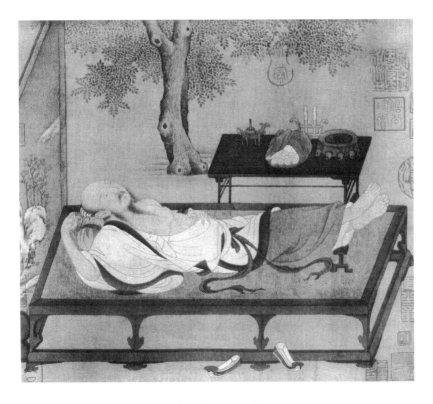

槐荫消夏图　宋　王齐翰

林里，好不悠闲。这让我不免有了这样的胡思乱想：似乎只有高士才会如此休闲地避暑。他们名为避暑，实为避世，只是想在茫茫世界里拥有一份属于自己的清静。如此说来，《武侯高卧图》里的风，是仙风道骨，而《槐荫消夏图》里的风，是尘世的清凉之风，是家长里短，因为它总能让我想起小时候的生活。

我的家乡杨家岘，家家栽槐树。我家的门口，就有不少柳树和槐树。每年夏天，祖父从地里归来，中午都要在大门口的树荫下煮罐罐茶，因为那里有南来北往的风。他铺一张草席，躺下来喝茶，经常还会有人凑过来一起煮，一起下象棋。累了，躺下睡一会儿，醒了，提一把镰刀又下地去了。那一方浓荫，是村民乘凉的佳地——我至今记着那里的凉爽与热闹。有一次，两个下象棋的老头起了口角，你一句我一句地吵了起来。

"落子生根，不能悔！"一老汉说。

"你又没说下棋不能悔！"另一老汉开始耍赖了。

最后，棋盘踢翻了，差点要打起来的两个老汉被村民们劝开了。我至今还记着他们的劝解之语，很有趣："棋盘上不长庄稼，有什么好争的，真是瓦窑里争空呢。"

众人皆散。

祖父嘿嘿一笑，又开始煮他的罐罐茶了，一把破了个洞的扇子，在他的脸前摇来摆去。想想，《槐荫消夏图》里的高士还是有点寂寞的，不像我老家的荫凉，有着尘世的热闹——也许，文人雅士们要的就是这样的清幽，哪像我等俗人，既要清凉，还要热闹。比如，唐寅的《桐荫品阁图》和董邦达的《弘历松荫消夏图》里的清凉，就有点孤寂的味道了，再比如傅抱石的册页《蕉荫品茗图》，也是一派清雅之境：大片大片的芭蕉烘托出一个虚静而浑茫的氛围，一主一仆，遥相晤对，中间置一炉、一壶、一篮木炭。两个人也许会相视一笑，但不说话——擅长将水、墨、彩色融为一体的傅抱石，借着一瓢清茗，绘出了一片清虚天地。

我读《蕉荫品茗图》，恰逢江南酷热，不禁生出跑到画里头乘凉的念想来。

煮雪烹茶

宋代笔记《绿窗新话》里记载了这样一则故事：五代名士陶谷，性好茶事，曾得党太尉姬，命掬雪水烹茶，并戏之曰："党家应不识此？"姬曰："彼粗人，安知此，但能于销金帐中，浅斟低唱，饮羊羔酒耳。"

大意是说，一个飘着鹅毛大雪的冬日，素喜品茶的陶谷让侍妾扫雪烹茶。陶谷一边啜茶，一边问道：你原来的主子党太尉也这样喝茶吗？侍妾回答道：党太尉是个粗人，只知道在销金帐下浅斟低唱，饮羊羔酒——我在北方生活多年，也不知羊羔酒为何物，想必该与羔羊有关吧。

拥立赵匡胤黄袍加身的陶谷，邠州新平（今陕西彬县）人，本姓唐，因避讳后晋高祖石敬唐名，改姓陶，历仕后晋、后汉、后周，至赵匡胤陈桥兵变时，他拿出早已拟好的后周恭帝禅位诏书，以为赵受禅之用。此人嗜学强记，博通经史，宋初的典章制度多为其所定，所著《清异录》里也有不少宋代茶事的典故。关于他的

烹雪煮茗　清　王著

这则轶事，其实是想说文人雅士与赳赳武夫有着截然不同的生活方式与精神世界，以至后来"陶学士"成了附庸风雅的一个代名词，煮雪烹茶也成了文人画家吟咏绘画的题材之一。

也许，钱选的《陶学士雪夜煮茶图》是最早以"煮雪烹茶"入画的作品。可惜，此画散佚，只在《历代鉴藏》卷九里著录。历史上的零星记载显示，画为纸本，著色、笔法近于唐人，著录时藏于焦山道士郭第处。后来，徐渭也曾画过一幅《陶学士烹茶图》，尽管他在题诗里这样写道："醉吟醉草不曾闲，人人唤我作张颠。安能买景如图画，碧树红花煮月团。"而观其画却画得一本正经，风雅不足，可能与其当时的生活际遇有关。有时候，一个艺术家无法挡住俗世的羁绊，古人也不例外。

除此之外，翻阅典籍，鲜有关于陶学士煮雪烹茶的画作，倒是烹雪煮茶像是从陶谷那里离开的一个孩子，在诗词里屡见不鲜，渐渐成为风雅的代名词。不过，只剩下煮雪烹茶，那个风雅的陶学士不知跑哪去了，找不到身影了。元代谢宗可《雪煎诗》里的"夜扫寒烟煮绿尘，松风入鼎更清新"，文雅逸趣，扑面而来；明代史谨在《煮雪轩为陶别驾赋》里提到的"自扫冰花煮月团，恨无佳客驻雕鞍"，简直就是一个人的孤独。其实，就连言情小说《金瓶梅》也没放过这样的情节。不过，此书里的雪水烹茶非风雅之事，实乃故事情节的发展需要。试想，如果西门庆与吴月娘反目成仇的话，即使雪下得再大，吴月娘也没有雅兴去煮雪水烹茶。一杯雪水茶熄了怒火，灭了仇恨，让市井俗人归于平静，足见其魔力之大。

然而，清代的张竹坡并不这样看。他读至此处，心有不平，遂如此批注："是市井人吃茶。"雪水烹茶，本为文人雅士之事，旨在寻求性情的愉悦，而吴月娘扫雪烹茶，即便不会升华到这般境界，那至少说明当时就连市井民间都将雪水烹茶当作雅事，这不正好说明这种文人最为推崇的雅事已经深入民间了么？

客观地讲，明代文人雅士追求风雅的雅集，迎来了烹雪煮茶的小小高潮。再后来，就渐渐地雪泥鸿爪了。

晚年的吴昌硕，画过一幅《煮茗图》，一枝剪梅，一把芭蕉扇，一具高脚炭风炉，几条青炭塞于茶壶底部，茶炊正在煮沸中。此处略去了茶客，主体只是一把茶壶，但从意境里分明能感到有一场飘飘洒洒的大雪刚刚下过，也许，这极有可能是一场春雪煮茗的雅事。自此以后，我很少见过烹雪煮茶的画。即使碰到，也不愿细赏慢读了。因为即使有，无非是临摹一番古意罢了，今人只管名利不管有没有古意了。更好玩的是，现在不少媒体在善意地提醒大家，不要附庸古人风雅地煮雪烹茗了，那是最不科学的喝茶方式。据说，有关专家也站出来"温馨提示"，说雪是小水滴与空气中的灰尘凝结而成。其实，这些年大家还不是在食品中不断地学习和重温化学知识，如三聚氰胺，如苏丹红，你即使没有烹雪煮茗，总有一款毒物等着你。所以，即使烹雪煮茶不健康，喝喝也无妨吧。毕竟，我们都不可能跑到喜马拉雅山顶去煮一杯茶吧，那是登山探险，不是喝茶。

古人对煮茶之水也颇有研究，认为雪水居末，但烹雪煮茶追求的不仅仅是水质，而是一次文艺活动给内心带来的仪式感。古人说，"煮雪问茶味，当风看雁行"。

2012年的深冬，我客居江南，这里没有大风吹彻，没有洋洋洒洒的大雪，我只求内心安稳，岁月静好，有一位静夜扫雪煮茶的女子与我相伴到老，就够了。

安处斋、龙门茶屋及轶事

从元至正十三年（1353）开始，倪瓒的生活轨迹就以太湖为圆心，遍及江阴、宜兴、常州、吴江、湖州、嘉兴、松江一带。他一边漫游太湖，一边以诗画自娱，于生活的低徊落魄处抵达了绘画的巅峰。他对清幽秀丽的太湖山水细心观察、心领神会，加以集中、提炼、概括，创造了新的构图形式与笔墨技法，并逐渐形成自己的独特风格——最鲜明的特点反映在构图上——近景一脉土坡，旁植树木三五株，茅屋草亭一两座，中间上方留白，以寓森森的湖波、明朗的天宇。这种静谧恬淡、境界旷远的一水两岸的山水图式，在他之前的画作里并不多见。读他的《松林亭子图》、《渔庆秋霁图》、《怪石丛篁图》、《汀树遥岑图》、《江上秋色图》、《虞山林壑图》，就像是沿着他的足迹游玩太湖的山山水水。

《安处斋图卷》里，仅为水滨土坡，两间陋屋，一隐一显，旁植矮树数株，远山淡然，水波不兴，清雅的格调与疏林坡岸、浅水遥岑极为契合,清远萧疏,简朴安逸。画上有倪瓒的题诗,曰:"湖上斋居处士家,淡烟疏柳望中赊。安时为善年年乐,处顺谋身事事佳。竹叶夜香缸面酒,菊苗春点磨头茶。幽栖不作红尘客,遮莫寒江卷浪花。"

本来,这是倪瓒以茶事为题的一幅寻常之作,却因乾隆而声名大噪。乾隆皇帝御览之后,雅兴驱笔,赋诗一首,更加清晰地点明了画意:"是谁肥遁隐君家,家对湖山引兴赊。名取仲舒真可法,图成懒瓒亦云嘉。高眠不入客星梦,消渴常分谷雨茶。致我闲情频展玩,围炉听雪剪灯花。"喜欢处处题款的乾隆皇帝一定自认为猜透了倪瓒的心思。不过,在我看来,也未必。

《安处斋图卷》,纸本,水墨,纵254厘米,横716厘米,现藏台北故宫博物院。

倪瓒还画过一幅《龙门茶屋图》,意境与《安处斋图卷》有异曲同工之妙,倒是题诗更得我心:"龙门秋月影,茶屋白云泉。不与世人赏,瑶草自年年。上有天池水,松风舞沦涟。何当蹑飞凫,去采池中莲。"一间小小茶屋,隐逸之趣尽在其中。

我多次去太湖边喝茶聊天,每次去都能想起倪瓒的这些画。想起这些画,让人觉着倪瓒那个年代的太湖真是一处好地方,山幽水清,可隐可居,不像现在,极目远望,人流如织,处处是别墅度假村。据说,苏州和无锡一带的有钱人,每逢周末都会跑到太湖边来。看他们大口喝茶,听他们高声大嗓地谈论女人、股票,

安处斋图卷　元　倪瓒

湖上齋居豪玄家淡煙踈柳
望中除卻時為善年、樂處
順謀身事々佳件、葉夜香正
面酒菊苗春點暦頭茶幽樓
不作紅塵容遲莫寒江樓渡
花小月堅日寫安豪齋為卉
賦長句便贊

围成一圈打着麻将的阵势，不禁怀念起倪瓒自制花茶的轶事。

古代茶史上，一提倪瓒，就绕不过清泉白石茶的典故。

倪瓒曾在无锡的惠山自制过"清泉白石茶"。清泉者，惠山泉也；白石则是用核桃松子去壳去皮，取其肉，捣烂，和上面粉，做成块状，色乳白，与茶水煮饮，遂成"清泉白石茶"。倪瓒视此茶为极品，不轻易待客，只用来招待风雅人士。一次，南宋的遗老皇室宗亲赵行恕因向往倪云林的品行学问，前来拜访。倪瓒想当然地以为他是不苟于世的雅士，遂以"清泉白石茶"盛情招待，但赵行恕一口喝完，竟连一句赞美之词都没有。倪瓒很不高兴，说："吾以子为王孙，故出此品，乃略不知风味，真俗物也！"不仅如此，他还当场下逐客令，与之绝交。这则轶事，《清闷阁全集》是这样记载的："元镇素好饮茶，在惠山中，用核桃、松子肉和真粉成小块，如石状，置茶中，名曰清泉白石。有赵行恕者，宋宗室也。慕元镇清致，访之，坐定，童子供茶。行恕连啖如常。元镇怫然曰：'吾以子为王孙，特出此品，乃略不知风味，真俗物也。'自是绝交。"

明代顾元庆在《云林遗事》对清泉白石是这样记载的："倪元镇性好饮茶，在惠山中，用核桃、松子肉和真粉成小块如石状，置于茶中饮之，名曰清泉白石。"其实，这种"状如石块"的清泉白石茶，是从古人煎水故事中"借"来的。古人取山泉水，往往要带一些石子，一则澄清水垢，再则用以养水。明代田艺蘅《煮泉小品》中说："移水取石置瓶中，虽养其味，亦可澄水，令之不淆。

黄鲁直《惠山泉》诗'锡谷寒泉椭石俱'是也。择水中洁净白石，带泉煮之，尤妙尤妙。"

若要追溯白石的历史，不得不谈到南宋词人姜夔的一首古歌：

南山仙人何所食？夜夜山中煮白石。

世人唤作白石仙，一生费齿不费钱。

仙人食罢腹便便，七十二峰生肺肝。

歌中的"煮白石"，出自神仙传说。葛洪在《神仙传》里记载："白石先生者，中黄丈人弟子也，尝煮白石为粮，因就白石山居，时人故号曰白石先生。"唐代韦应物在《寄全椒山中道士》写道："今朝君斋冷，忽念山中客。涧底束荆薪，归来煮白石。"可见，"煮白石"是古代神仙们的专利，既是清雅之需，又能果腹疗饥，让人称羡不已。可见，说到底，倪瓒的清泉白石茶也是隐逸心态的一种自我表达。

说到倪瓒，还得说说他的花茶。

花茶在我国的历史，可以上溯到宋代。尽管屠隆在《考槃馀事》里曾经说上等的茶叶是不宜做花茶的，因为"凡饮佳茶，去果方觉精绝，杂之则无辨矣"，但仍有不少文人雅士热衷于私制花茶。倪瓒就是其中一位，而且，他制作花茶颇为离奇。《云林遗事》记载了他制作莲花茶的过程："就池沼中，早饭前，日初出时，挥取莲花蕊略破者，以手指拨开，入茶满其中，用麻丝扎缚定，经一宿，明早连花摘之，取茶纸包晒。如此三次，锡罐盛，扎以收藏。"大意是说，晨曦初露之时，到莲花池找到那花苞刚开的莲花，用手指拨开，把茶叶放满莲花里，麻绳绑好，第二天连莲花摘下来，用茶纸包着晒太阳，如此反复者三，莲花茶就制成了。

这样的花茶，仅有耐心与宽裕的时间，还远远不够。倪瓒在那个遥远的年代，缓慢从容、气定神闲地在一个个夏日早晨，做着自己的莲花茶，茶香混合着莲的清香，已然成为历史烟岚里最为迷人的一部分。

莽莽深山且煮茶

先来看一则几年前的新闻报道吧：

2010年12月4日晚22点34分，北京保利5周年秋拍中国古代书画夜场在亚洲大酒店开拍，元代王蒙《煮茶图》从2500万起拍，最终以2800万落槌。该拍品此前被专业人士估价为2800–3800万。

有学者把王蒙的山水画分为草堂山水、书斋山水与隐居山水。这样的划分其实是对他人生经历的艺术观照。王蒙于明洪武二年（1369）出任泰安知州时，"清廉有守，吏习而民安之，公余与士大夫饮酒赋诗，临池染翰，一时盛事"，应该说，他的隐居山水画大概就作于这段时间吧。毕竟，作为一介前朝遗民，王蒙的心境必然会深刻地影响到他的艺术创作，反应在内容上就是避居山水一隅，以寄隐逸之情。

这幅《煮茶图》，就是王蒙"隐居山水"里的一幅。

王蒙用他独创的"水晕墨章"，先是"渴墨"，以牛毛皴、解索皴画法画出，然后用浓墨"苔点"，山体的阴阳十分分明，

像是一个棱角分明的人。从整体看，这莽莽万重山大气磅礴，纵横离奇，密不透风，自上而下，寻来找去，山脚下的茅屋里有三个喝茶的人。他们都是元代的遗民，一起诉说着前朝往事么？也许，他们对着一杯茶，早已忘了何年何月，只是在这里听听鸟鸣、溪流以及松花开放的声音吧。

王蒙的山水景致稠密，苍郁深秀。《煮茶图》左上有题识：煮茶图。黄鹤山中人王蒙为惟允画。钤印：香光居士、黄鹤山樵。王蒙自号黄鹤山樵，其实在黄鹤山待的时间并不长。元末明初的画家里，没人像荆浩终年隐居太行山那样真正地隐居下来。画上方有宇文公谅、郡中、黄岳、杨慎等人的题跋，写得古意盈盈，兹录于下：

（宇文公谅）霁色如银莹碧纱，梅葩影里月痕斜。家僮乞火焚枯叶，漫汲流泉煮嫩茶。顿使山人清逸思，俄惊蜡炬发新花。幽情不减卢仝兴，两腋风生渴思赊。公谅。

（郡中）嫩叶雨前摘，山斋和月烹。泉声云外响，蟹眼鼎中生。已得卢仝兴，复饶陆羽情。幽香逐兰畹，清气霭轩楹。郡中。

（黄岳）清泉细细流山肋，新茗丛丛绿芸色。良宵汲涧煮砂铛，不觉梅梢月痕直。喜看老鹤修雪翎，漫爇沉檀检道经。步虚声彻茶初熟，两袖清风散杳冥。蜀人黄岳题於岷江寓所。

煮茶图（局部）　元　王蒙

（杨慎）扁舟阳羡归，摘得雨前肥。漫汲画泉水，松枝火用微。香从几上绕，细雨树头围。浑似松涛激，疑还绿绮挥。蜂鸣声仿佛，涧水响依稀。杨慎。钤印：杨慎私印

四人中我对杨慎较熟悉，他是明代文学家，公认的明代三大才子之一，十一岁能诗，十二岁拟作《古战场文》；既有诗文书画存世，亦是音韵、名物之杂家。

我不知道，此画最终"画"落谁家了。我乃俗人，不仅羡慕他能私藏此等古画，也羡慕他手头有那么多的闲钱。

辽代壁画里的茶事

　　白色的茶盏，黑色的茶托，黑白相间的圆盒以及白色深腹盆，颜色分明地陈列于桌，点茶人的神情认真而专一；桌底稍前，五足火盆里有火炭；桌之左右各一人，左边的一手执盏托，一手以细细的茶针搅动，右边的正在执壶注水。

　　水，却没有倒出来。

　　这不是画家笔下的悠悠茶事，而是辽代张世卿墓葬壁画里《点茶图》的场景。

　　20世纪70年代初，河北宣化下八里村陆续发掘出十余座辽代墓。古人事死如生，墓葬里的壁画内容丰富，涉及天文、茶事、散乐、出行、挑灯、备经、备膳、花鸟等。其中，清晰精美的茶事图生动再现了辽人贮茶、选茶、烹茶、饮茶的场景，是研究辽代茶文化及社会生活风俗的珍贵资料。这些古墓里，张匡正、张文藻、张世卿等七人的墓葬壁画里，皆有茶事图。

　　辽金两代，是两宋时期在北方建立并与之前后对峙的两个政

点茶图　辽　张世卿墓壁画

权，大致而言，其范围就是北方燕云十六州的长城以北的广大区域。茶虽为南方嘉木，却在遥远的辽代兴盛于北方，这是古代茶马互市的结果。入宋以后，特别是澶渊订盟后的百年时间里，北宋政府在边界上设立了不少专与辽国通商的"榷场"，宋人以茶叶（包括茶具）、盐、铁、丝绸和各种器物来换取契丹的牲畜、毛皮等土产。茶叶是北宋与辽国重要的贸易物资之一，吃茶也成为辽地汉人以及少数民族的生活方式之一。事实上，自此以后，茶马互市的格局一直存在着。明代文学家汤显祖在《茶马》诗中的"黑茶一何美，羌马一何殊"，写的就是茶马贸易。史载，明太祖洪武年间，一匹上等马最多可换六十公斤茶叶，到了明万历年间，一匹上等马可换茶三十篦，中等二十，下等十五——数量的不断攀升，恰好证明交易之活跃。

其实，这也是历史上茶叶的"北上记"。

耶律楚材，元代大臣，辽国的皇族子孙，著有《湛然居士集》。他在《西域从王君玉乞茶，因其韵七首》第七首里写道："啜罢江南一碗茶，枯肠历历走雷车。黄金小碾飞琼屑，碧玉深瓯点雪芽。笔阵陈兵诗思勇，睡魔卷甲梦魂赊。精神爽逸无余事，卧看残阳补断霞。"

诗为乞茶之诗，写得真情委婉，同时也佐证了这样一个事实，当时的北方茶事深入人心，而且，对茶的品鉴也达到了较高的水平。

河北辽代墓群里，张文藻墓里的《烹茶探桃图》，画的中间是桌子、食盒、茶具和一位站着的年轻主妇，外围是分成两组的七个男女孩童——其中四个着汉族服饰，三个着契丹服饰。图之偏右，一个稍大的男孩跪于地上，另一个孩子站于其肩，正从一个挂着的篮子里"偷取"桃子，她的左前方是一个略微弯腰、用衣襟等着接取抛下的桃子的男童——这场景，让人能想起小时候贪玩的场景来。画之左上角，四个孩子见大人突然来临，有点害怕地躲在食盒后面，那怯怯的眼神里，既有想逃过一场责骂的侥幸，亦有对马上到手的鲜桃的不忍放弃。如果说这是画中的情节的话，那么，它的器物分布也是别具风格，一张桌案上是几册书籍与文房四宝，另一张桌案上则是饮食器物，白色的瓷碗、瓷碟以及瓷托，一应俱全，食盒与桌子右边，置有茶碾、茶盘和茶炉三组茶具。

除此之外，辽墓壁画里还有《进茶图》、《茶道图》，以及《煮汤图》。这也是一组反映辽代日常生活里的茶饮景观的壁画，细细观之，还是能看出鲜明的北方风格。比如，茶器以白色居多，这有别于南方特别是建瓯一带崇尚黑盏的风气，这些瓷器很有可能是定窑、磁窑和辽境内各窑所生产的；再比如，碎茶器具用锯不用锤，这是游牧民族根据自身需要进行的一次革新，煮汤器非金属制，而用银铜执壶直接煨于炉口之上，这也跟游牧民族用银铜壶煮奶茶的影响有关。

读这些墓壁里的画，仿佛置身于朔风漠漠的辽国，身着契丹族的服装正在大碗喝茶。

夜半酒醒

　　《唐诗画谱》是由明代集雅斋主人黄凤池编辑的一册诗、书、画三美合一的版画图谱，于明万历年间刊行，是徽派版画的代表作。诗，选了唐人五言、七言各五十首，六言六十余首；书，是董其昌、陈继儒、俞文龙、朱杰等挥毫，画，请蔡冲寰、唐世贞染翰，刻版则出自徽派名工刘次泉等之手，堪称"四绝"，被时人誉为"诗诗锦绣，字字珠玑，画画神奇"。如此一册诗书画刻俱佳的书，我是不久前才知道，可见我有多么孤陋寡闻。不过，活到老，读到老，现在能碰到也不晚——更加庆幸的是我由此及彼地读到了《诗馀画谱》。客居江南，无事乱翻《唐诗画谱》，借着月色或者晨曦，翻一页，再翻一页，诗读了，书画也欣赏了，一举几得，颇为得意。有一天，竟然翻到了一个有趣的话题，那就是夜半酒醒。

　　我猜想，一个爱喝酒的人，大抵都有过夜半酒醒的经历。

　　酒桌上，豪言万丈，气吞山河，不知不觉中喝得迷迷糊糊，一个人摇摇晃晃地回家了，或者被人搀扶着回了家，倒头一睡。

闲夜酒醒图　唐诗画谱

半夜，酒醒了，第一件事就是问自己，怎么到得家？然后，第二件事马上来了，就是口干，想喝水。就此打住，回到《唐诗画谱》里的《闲夜酒醒图》吧。

诗是皮日休的《闲夜酒醒》。

这位曾经隐居鹿门山的湖北人是这样写的："醒来山月高，孤枕群书里。酒渴漫思茶，山童呼不起。"读起来真是简洁——说白了，就是半夜酒醒了，想喝茶，可童子呼呼大睡，叫不醒。观其画，画得诙谐有趣，床榻之侧的童子，睡得正香，床上的人眼睁睁地看着，口干舌燥，就是无茶可喝。酒与茶，真是一个纠缠不清的话题。古代既有以茶当酒的典故，也有酒茶的相互争论。其实，酒也罢，茶也罢，都是性情的体现之一。只是，夜半酒醒，口渴却无茶可喝，心里还是有点恼怒的。

读此画，让我不禁想起一次次酒醉后儿子伺服在侧端茶递水的情景。每每忆之，与"最喜小儿无赖，溪头卧剥莲蓬"的场景有异曲同工之妙。现在客居江南，儿子不在身边，我，忽然有点想他了。

小遗憾、石田大穰及其他

数年前，曾和一位苏州的朋友相约，选一个秋阳高照的日子一起去拜谒沈周墓。但，岁月流转，终成空梦，现在连朋友的音讯都杳然了。我南迁杭州后数次去苏州玩，园林倒是逛了不少，沈周墓一次都没去，想想，也挺遗憾的，像欠着老人家一笔人情债。

欠就欠吧，总有一天，会还的。

2012 年的秋天，苏州博物馆举办沈周画展，我特意去看。画展有个雅致的名字，叫"石田大穰——吴门画派之沈周特展"。石田是沈周的号——沈周，字启南，号石田，1427 年出生在长洲相城一个文人世家，地方差不多就在今天以大闸蟹而闻名的阳澄湖一带；穰者，意谓五谷丰饶，可能是取诗书画皆精之意吧，甚至是偏向于他是明代中后期"吴门画派"的开宗之师的意思；至于特展，我的理解是与这次展览汇聚了故宫博物院、上海博物馆、辽宁省博物馆、南京博物院、安徽省博物馆及日本京都国立博物馆、大阪市立美术馆、瑞士苏黎世莱特堡博物馆等十二家博物馆之庋藏珍品有关吧。毕竟，这是沈周的首次个展，而且规模空前，堪称画界盛举，不用"特展"还能用什么词语形容呢。

明代中期，以苏州为中心活跃着一批画家，他们继承了元末江南一带文人画的传统，创立了迥异于浙派风格的文人画新潮流，也就是后来的吴门画派。沈周是这一画派的开宗之师。他在继承宋元文人画传统的同时，不忘开拓疆域，开拓的结果是建立起明代文人画的美学理念与崭新的审美类型，真实地呈现出那个时代的精神气质、理想和感情。这也恰好是他不同于其他"吴门四家"的地方。他笔下的山水、花鸟、人物样样皆精，尤以山水画成就最著。沈周的山水画题材广泛，以内容分，大体有访胜纪游、文会雅集、书斋别墅、寻访送别、游冶山川等，此外，仿古山水也是沈周画作的重要内容。在这场名为"石田大穰"的特展中，沈周的山水画基本涵盖了他早、中、晚各个时期的风格面貌，完整地呈现了他山水画艺术的发展脉络。那场特展，给我留下深刻印象的有《采菱图》、《为碧天上人作山水图》、《幽居图轴》、《西山雨观图》、《千人石夜游图》、《东庄图册》，他的花鸟书法有《枇杷图轴》、《湖石芭蕉图》、《椿萱图》、《荔柿图》、《牡丹图》。不得不再次提及"遗憾"的是，此行观展行色匆匆，还是没能去苏州城北的相城拜谒他的墓地，是为一；二是在特展上没能见到一幅与茶有关的画作——这两年，集中精力写一本古代茶画的书，所以，看画展的路上我就很渴望能见到一幅与茶有关的画。既然无缘得

火龙烹茶图 明 沈周

见，就只好在书本里一页一页地找。这样也好，翻书的过程像是一点一点地偿还未曾拜谒的遗憾。

在寻找翰墨茶香之前，先说说他的茶论。

沈周对茶的论述集中在《会茶篇》及《书茶别论后》里，但并未引起茶界的足够重视，依我看，是被吴门画派一代宗师的光环给遮蔽了。其实，先读其"茶论"，再观其茶画，会有豁然开朗之感。

沈周的茶画，不管是《会茗图》、《火龙烹茶图》，还是《汲泉煮茗图》，似乎都能看出一个时代的影子：这不仅仅是茶在明代文人生活里地位的提升，也是明代成化、弘治以后苏州地区经济繁荣，社会生活安定所带来的文人热衷于会饮品茗、垂钓听泉、赏花观月的生活方式的变化。沈周的茶画恰恰能看到渗透到明代文人骨子里的风流蕴藉，这与元末文人画家的隐逸山水所呈现的枯疏空寂的意境迥然相异。这种相异，是注入了入世的怡悦之情，体现了明中期在野文人对自身人生价值和文化精神的充分肯定。

他的茶画，甚至能映射出苏州园林的发展轨迹。

明代中期，随着经济的发达、财富的积聚，苏州一带的豪门富贾营造花园别墅的风气盛起。苏州最大的园林拙政园，园主王献臣曾请文徵明规划造园，前后花去了十二年时间。自此以后，一些官员和文士纷纷效仿，即便是几间茅屋，也要布置点花木湖石，也要题个文雅的斋名。那时间，苏州的私家园林发展到两百多处。

会茗图　明　沈周

如杜琼结草亭于乐圃东隅，名"延绿亭"，刘珏在齐门外依水叠石为山，号"小洞庭"，沈周在相城筑"有竹居"，文徵明居处名"停云馆"等。这些书斋庭园，既是文人雅聚、观赏书画的风雅之地，也成为他们笔墨里的一处风景，他们的茶生活就是在这样的园子里徐徐展开的。

闲翻资料，说沈周画过一幅《桂花书屋》，亦与茶有关，可惜一直没找到。不知为什么，一看这样的名字，我立马联想到张岱"非高流佳客不得辄入"的梅花书屋。张岱在梅花书屋里喝的是"棱棱有金石气"的日铸雪芽，沈周在桂花书屋里品鉴的应该是一壶虎丘茶吧。虎丘茶已经消失在历史烟岚里，现在的苏州人普遍爱喝洞庭山的碧螺春。梅花书屋也罢，桂花书屋也罢，都是依山傍水、窗明几净的雅致之地，且有桂花梅花环绕四周。其实，不论古今南北，每个文人的心里都住着一间这样的书屋，日夜读书其间，案头茶香袅袅，这样的生活何等逍遥快意。可惜，我写作此文时，祖国的不少城市都是一片雾茫茫，最新的说法叫雾霾。

惠山茶会记

数年前，读明清小品，碰到了袁中郎的《游惠山记》。文章虽为游惠山之短记，却从自己的疾病以及无所事事的日常生活起笔，直到游完惠山，袁中郎的病好了，身体也硬朗了，还得出了"始知真愈病者，无逾山水"的人生感叹。那么，能够愈人之疾的惠山山水到底如何呢？这位明代才子是这样描述的："山中僧房极精邃，周回曲折，窈若深洞，秋声阁远眺尤佳。"

寥寥数句，勾勒出一幅淡雅优美的惠山美景图。

文徵明有不少茶画，名气最大的莫过于《惠山茶会图》。看来，早在明代，惠山就已进入文人的视野，常常三五相邀，在那里临山凭水，娱目养心。其实，文徵明画的是文人雅士于惠山一角竹炉煮茗茅亭小憩的片断。这个片断不像沈周画《庐山图》那样，靠的是一己之思，而是文徵明日常生活的一部分。正德十三年（1518）清明时节，正是新茶上市之际，文徵明与好友蔡羽、汤珍、王守、王宠、潘和甫、朱朗诸友同游惠山，在惠山以茶兴会，品茶赋诗，最后，文徵明以墨记事，画下了这次雅集盛事，这多少有点像《滕王阁序》那样，是一个文人对日常生活的一次艺术复原。

所以，读此画，犹似看一场正在进行着的明代雅集。

在青山绿树间，左侧的一株树下，朱漆茶桌上置有不少茶具，桌侧有一竹炉，正在煮水——煮的也一定是惠山泉水吧，有一童子蹲下身子，似在拨火。桌前站立的一书生，一副主人模样。还有两位文人正从右侧的山路上缓步走来，且走且谈；在正中的一座凉亭下，正是大名鼎鼎的惠山泉的井眼，两位文人分坐两侧，一人盘腿，一人侧坐，盘腿者似在持卷而读，侧坐者像是陶醉于井中之泉。

2013年的冬天，苏州博物馆里有一场"衡山仰止——吴门画派之文徵明特展"。我冲着《惠山茶会图》去了。后来，我还发现，在这场雅集里还藏着一个巨大的秘密。

这个秘密，就是惠山泉。惠山泉是唐大历元年至十二年间（766—777）无锡县令敬澄所开凿，因古代西域和尚慧照曾在附近结庐修行——古代"慧"、"惠"通用——遂称惠山。据传，茶圣陆羽也曾到此品鉴，且撰有《惠山寺记》，故亦名陆子泉。实际上，它真正的广为人知则始于乾隆御封其为"天下第二泉"之后。当然，此前宋明两代文人对它的大力推崇也功不可没。据我所知，苏东坡、黄庭坚等诗人都曾提笔咏赞过惠山泉水，也有不少茶学专家纷沓而至，专门品尝。明代万历年间曾经编撰过《明

惠山茶会图　明　文徵明

诗选》的无锡人华淑在小品文《二泉记略》里，详记了惠山泉的"三异"与"三癖"："泉有三异，两池共亭，圆池甘美，绝异方池，一异也；一镜澄澈，旱潦自如，二异也；涧泉清寒，多至伐性，此则甘芳温润，大益灵府，三异也。更有三癖，沸须瓦缶炭火，次铜锡器，若入锅炽薪，便不堪啜，一癖；酒乡茗碗，为功斯大，以炊饮作糜，反逊井泉，二癖也；木器止用暂汲，经时则味败，入盆盎久而不变，三癖也。"此"三异三癖"，实际上是具体细致地分析总结了惠山泉水的特点与煮茶的种种禁忌。

尽管文徵明的笔墨看不出泉之"三癖""三异"的半点影子，但将茶会设于惠山泉之侧，已经是匠心独运了。这匠心，既是他作为明代文人对精致生活的内心追求，也是他隐逸之心的文化选择，更是他与明代其他画家表现在茶画上的最大区别。所以，同样是画山，文徵明的山峰似几座屏风，仿佛在自己的庭院里，封闭而自足；唐寅的山中景色更像一个"桃源世界"，逍遥自由；同样是画树，文徵明的是老树，且紧"扎"于茶棚周围，像是为茶人画下的"界桩"，而唐寅的树立于河岸，期待着一叶小舟的到来。我更强烈的感觉是，文徵明似乎想从一个广阔的天地抽身退出，不仅仅是退守在山林里，更是退守在自己更小的生活圈子和从容淡定的内心里。

他，是一个真正隐了下来的人。他最后的"端笔而逝"，似乎证明了这一点，因为他的心底拥有了辽阔的山水与深邃的宁静。

品兮煮兮又一年

明代中后期，茶事兴盛，贯穿于卜居、雅集等各种活动，参与活动的这些人大抵如徐渭所言，是"翰卿墨客、缁流羽士、逸老散人，或轩冕之徒，超世味者"。当他们把饮茶品茗上升到修心养性的一种方式时，自然对环境的要求极为考究。明代许次纾在《茶疏》里列举到的诸种环境，可谓明代饮茶的风向标：

> 心手闲适，披咏疲倦，意绪纷乱，听歌拍曲，歌罢曲终，杜门避事，鼓琴看画，夜深共语，明窗净几，洞房阿阁，宾主款狎，佳客小姬，访友初归，风日晴和，轻阴微雨，小桥画舫，茂林修竹，课花责鸟，荷亭避暑，小院焚香，酒阑人散，儿辈斋馆，清幽寺观，名泉怪石……

文徵明作为明代吴门画派的中坚人物，躬身其间，自然会引以丹青。他除了《惠山茶会图》外，还画过不少茶画，如《松下

煮茶图　明　文徵明　　　　　　　品茶图　明　文徵明

品茗图》、《东园图》、《茶事图》、《煮茶图》、《品茶图》等十余幅，并著有《龙茶录考》。

《煮茶图》里，松树高可参云，主人独坐室内，童子侧立，室外有童子在煮茶。从他"苍苔绿树野人家，手卷炉熏意句嘉。莫道客来无供设，一杯阳羡雨前茶"的自题诗来看，像是与友人有约，正在耐心等待。

另一幅作于嘉靖辛卯（1531年）的《品茶图》，朋友已至，画屋正室，内置矮桌，主客对坐，桌上只有清茶一壶二杯，看来相谈甚欢。侧尾有泥炉砂壶，童子专心候火煮水。画上有七绝诗，末识："嘉靖辛卯，山中茶事方盛，陆子傅对访，遂汲泉煮而品之，真一段佳话也。"陆子傅是文徵明的好友，文徵明作此画有点像今人拍照合影留念的意思。想想，古人多风雅，喝杯茶、聊聊天，也能画一幅画，哪像我们只知道咔嚓两下，拍几张照片然后拍屁股走人。

观此画，让人无端忆及与友人一起在平江路的随园茶馆对坐喝茶的场景来。——今夜，我有点想念苏州的山水了。可夜色漆黑，我只能抄录两句文徵明《怀石湖寄吴中诸友》的句子，聊以自慰：

几度扁舟梦中去，不知尘土在天涯。

湖 边

如果我没有猜错，这应该是太湖边的一间书斋，主人于房内凭窗远眺，一童正在室外烹茶，另一人拄杖沿湖边小径而行，似来访友。书斋的周围，山丘起伏，湖水澄澈，临湖平缓的坡岸上有茅屋

林榭煎茶图（局部）　明　文徵明

数间，竹篱围而成院，杂树环绕。这些高低参差的树丛灌木互相掩映，将夹叶、阔叶、针叶，向下垂挂的、向上伸展的，落叶、常青，疏朗、茂盛的各色树种尽可能皆有所安排。它既是树，更是一介文人在遥远的古代给自己的内心建起来的一处屏障。他们在自己的世界里怡然自得地活着，这恰恰是明代茶道的精华所在。他们与一帮朋友在一起，与世事无争，品茗弹琴，这样的茶多么清静，这样的生活也是文人的理想生活。在这个高速行走的时代，功利的当代文人回望他们，多多少少会有些愧意的。——画之卷尾，署"徵明为禄之作"。禄之，即苏州著名书画家王谷祥。与其说文徵明给朋友送了一幅画，不如说他送出手的是一段湖边的清静生活。

"束书杯茶，氍毹就地"

唐寅（1470—1523），字伯虎，一字子畏，号六如居士、桃花庵主、鲁国唐生、逃禅仙吏等，今江苏苏州人。据传他于明宪宗成化六年庚寅年寅月寅日寅时出生，故名唐寅——这让我想起了湖州东南杼山的三癸亭，陆羽以癸丑冬十月癸卯朔二十一日癸亥建，因名为三癸亭。唐寅一生玩世不恭，又才气横溢，与祝允明、文徵明、徐祯卿并称"江南四才子"，因其画名又与沈周、文徵明、仇英并称"吴门四家"。普通老百姓可能知道唐伯虎要多一些，那是因了一部妇孺皆知的《唐伯虎点秋香》。

其实，这是历史上最滑稽可笑的一桩冤假错案。读史可知，真正"点秋香"的另有其人，是一个放浪不羁的陈公子。可能是树大招风的缘由，也可能是唐寅本人过于放浪形骸的生活，历史将错就错地将这些风流事嫁接在他的头上了。唐寅的茶画，有《事茗图》、《琴士图》、《煮茶图》各一，《品茶图》有二——卷、轴各一。

《琴士图》里，一位文人于深山旷野里弹琴品茗，两个童子侧立其身，琴前，茶壶具列，松籁飞瀑，琴韵炉风。仿佛能听到茶汤的煮沸声，甚至能听到悠悠琴声。而《事茗图》里，琴声未起，因为那个抱琴的童子还在路上。双松之下的茅屋里，伏案而读的书生是沉浸在一册茶谱里，还是一册琴谱里呢？侧屋认真烹茶的茶童不知道，案头那只极大的紫砂壶也不知道，但那个领着抱琴童子拄杖而来的文士想必一定知道吧。画面里的这些情景，被唐寅用他那熟练的山水人物画法铺排得极为雅致：高山流水，巨石苍松，飞泉急瀑，或远或近，或显或隐，近者清晰，远者朦胧，

事茗图（局部）　明　唐寅

煮茶图　明　唐寅

清晰之美与朦胧之韵扑面而来，尤其是那条汩汩流过的溪水，像是要流出画面似的。河岸左侧的房屋隐于松竹之间，缭绕的云雾紧紧地裹着松竹，让人不禁在想，这也是一片"不知有汉，无论魏晋"的世外桃源么？唐伯虎自题诗于画左："日常何所事？茗碗自赍持。料得南窗下，清风满鬓丝。"这首诗配这幅画，还算合适，因为此诗少了唐寅平时那种朗朗上口的口语味道，雅气了不少。茶至明代，主张契合自然，茶与山水、天地交融，茶人友爱，和谐共饮，一介书生远离尘嚣追求闲适的书斋生活，似乎在这里得到了完美体现。

在唐寅的册页里，我没看到《煮茶图》，他的另一幅茶画《桐荫品茶图》，据说现在藏于美国芝加哥美术馆。

唐寅的两幅《品茶图》，卷、轴各一。横卷的《品茶图》，没有层峦叠嶂，而是一片烟波浩渺、无边无际的水域，水中有一座小岛，一只小舟驶向小岛。有人认为，这只小舟正是此画的生机所在。其实，这幅《品茶图》最能传达唐寅的人生际遇，他在选择人生隐士的过程中，始终有一颗不安静的心。这颗心，是若即若离的仕途之心，是他心底里的欲罢不能。唐寅一生的痛苦，就来自于这种不彻底。相比之下，轴画《品茶图》似乎安静了下来。群山上烟霭弥漫，几间茅屋也深藏在高大的松树之间，山石与林木，像是要拥抱的样子。据说，清代乾隆皇帝十分喜欢此画，每每去盘山行宫静寄山庄时，都会在自己的品茶精舍"千尺雪"里赏玩一番——"千尺雪"这样的园子里，挂一幅唐寅的茶画，也是绝配。那临溪而筑的几间草堂，总让我想起唐寅"筑室桃花坞"的人生经历。那么，画中层层叠叠的群峰、茂盛的松林以及盎然的春意，也都是桃花坞的么？我一直固执地认为这幅画就是唐寅文人生活的自画像。这样的想法，在读他画上的自题诗时，感觉更加强烈。诗曰："买得青山只种茶，峰前峰后摘春芽。烹煎已得前人法，蟹服松风娱自嘉。"

我一直有个小小的想法，就是在自己的书房里挂满唐寅茶画

琴士图（局部） 明 唐寅

的仿制品。仿制品虽假，但也能让人不知不觉地沉浸于他所苦苦追求的隐逸之情里。明代的茶学茶艺里，哲学的意味深了，主张契合自然的意识强了，茶画作为浸淫其间的一门艺术门类，理所当然地离不开这些特点。唐寅作为明代吴门画派的佼佼者，及时而敏感地反映出这一特点。为什么明代的茶文化主张契合自然？这是有历史原因的。明代开国皇帝朱元璋第十七子朱权，是明代茶文化的主导与发展者，是自然派茶人的主要代表。他在政治上失意之后，厌倦宫廷斗争，因而走向了人生的另一面：隐逸，并且创出了自然派茶道。后来，不少像唐寅这样的失意文人加入到这个队列里。

现在，我们都是钢筋水泥的被征服者，和大自然的距离都越来越远了，更别说和大自然融为一体了。所以，在自己的书房里挂满唐寅的茶画仿制品，该是亲近大自然的第一步吧。

唐寅在《煮茶图》里有一段题跋：束书杯茶，氍毹就地，吾事毕矣。不忆世闲，有黄尘污衣，朱门臭酒也。这句子跟他"买尽青山来种茶"相比，雅致了不少，读来心生欢喜，所以拿来做了标题。

仇英的茶画

　　苏州沧浪亭里有一个祠堂，叫五百名贤祠，里面有明清两代苏州城内五百多位名人贤士的画像——据说，独独没有仇英。我去沧浪亭的那天，在祠堂里顺着画像一个一个地找，果然没找到。这真是有趣的事，一个荣列吴门四家之一的画家，到头来连苏州"明清五百强"都没有进入。不过，这并不影响仇英在中国古代画史上的地位，一代宗师董其昌都说：仇英为近代高手第一。

　　仇英的人生轨迹，用现在的话说，是一个典型的小人物逆袭的故事——可惜，古代没有这样的说法。

　　他出身工匠人家，类似于现在产业工人的儿子。他最早也是一名小小的漆工，兼为人彩绘楼宇，后转而习画，因刻苦认真而成为人物、山水画的高手，被文徵明赞为"异才"。但他的画风与人生经历并不契合，像是朝着两个不同的方向奔去。一方面，他穷困潦倒、身份低下、学识不高，是草根的人生，另一方面，他的画发翠毫金，丝丹缕素，精丽艳逸，走的偏偏是富贵的路线。

煮茶论画图　明　仇英

这种看似分裂的表象其实是他早年徘徊于各种画派名流的汪洋大海里长达数十年的努力形成的风格。

他画过大量的茶画，据不完全统计，有80余幅，在各类茶书里经常选来选去的，有《为皇煮茗》、《煮茶论画图》、《烹茶洗砚图》、《试茶图》、《松间煮茗图》、《陆羽烹茶图》等。

《为皇煮茗》，现藏于英国国家博物馆，是画史上唯一一幅描述中国明代帝王品茗的画作，画中设有后花园的宫殿，应该是明初的南京，一位高坐于皇宫花园里等候煮茶的帝王，因那暗色的绢轴显得更加尊贵了。

《煮茶论画图》里，远山若隐若现，近处岸边，两位名士坐于树荫之下，展卷观画，侃侃而谈。其左有两童子，一个湖边汲水，一个扇火煮茶，炉火旁边放置的木炭清晰可见，而那个摇动手中蒲扇煽火的童子，煞是可爱。仇英自题"为奚隐先生制"，单这个名字，就有隐逸之气。

我最喜欢的是《园居图》。

图之左侧忙着煮茶的几个童子，总让我想起小时候围在祖父身边，帮他煮罐罐茶的经历。一种油然而生的亲切感，让人想起曾经的乡居日子。现在的孩子，出生在高楼大厦里，对天空、晨风、雨露没有感觉，所以，喜欢宅，喜欢对着虚拟的互联网消磨时间，跟我这种在院子里跑来跑去长大的人，就不一样了。我喜欢《园居图》的另一个原因，是他画出了我对自己晚年的期许与理想：真希望若干年后，安稳下来，在一座小院喝茶、看天，什么也不多想，该有多好。

西晋潘岳的《闲居赋》里有这样一段：

> 于是览止足之分，庶浮云之志，筑室种树，逍遥自得。池沼足以渔钓，春税足以代耕。灌园鬻蔬，供朝夕之膳；牧羊酤酪，俟伏腊之费。孝乎惟孝，友于兄弟，此亦拙者之为政也。

我以为，如此闲居，亦是一间院落的日常生活吧。

松间煮茗图　明　仇英

　　说到仇英的茶画，在苏州民间，还有这样一则轶事。有一次，仇英应邀给一位权贵画一幅茶画，可此官小气，不想掏钱，仇英就将此人画成一幅老态龙钟的样子，更离谱的是居然画了三女一男为权贵送茶的场景，这其实是古代品茗的大忌。这一下子惹怒了权贵，落得一顿暴打，就跑了。这是我在《古苏言传》里看到的情节。虽然只是传说轶事，我还是对保持如此独立人格的文人充满敬意。

《换茶图》的前世今生

商品交换，以物易物，是古代商品经济发展的序曲。但是，在书画界里也有不少交换的故事。比如王羲之，就有写经换鹅的轶事。《晋书·王羲之传》："山阴有一道士，养好鹅，羲之往观焉，意甚悦，固求市之。道士云：'为写《道德经》，当举群相赠耳。'羲之欣然写毕，笼鹅而归，甚以为乐。"后遂以为典

换茶图　明　仇英

实。《白孔六帖》卷九五亦记此事，谓所写为《黄庭经》。看起来，这像是一场不平等的交易，其实，恰好印证了王羲之的平和以及对鹅的喜欢之情。古代书画家的这种交换轶事，真是颇有趣味。

比如，苏东坡的以书易肉。

再比如，元代赵孟頫以字换茶。

仇英曾给赵孟頫以字换茶的轶事画过一幅画。这还得从收藏家周于舜说起。周于舜是明代苏州昆山的收藏家，他曾收藏有赵孟頫的《心经换茶图》，惜其后来佚失，于是他请仇英描绘当年情景。仇英画出的场景像一幅《清明上河图》，是流动着的河，需要慢慢看。如果从最右边看起的话，赵孟頫坐于一片松林竹篱之间，一看就是风雅之地，赵孟頫据石几作书，他的对面，坐的就是明本禅师，也就是后来人们言及的"恭上人"——他们之间

换茶图（局部） 明 仇英

的关系，可以看出元代士大夫参禅问道的缩影。正欲作画的赵孟頫的右前方，是一侍童，手上捧一物，像是茶包；再往右，松林深处还有一侍童，蹲下烧水；更右侧，还有一侍者，看上去他是去泉里汲水的。在赵孟頫的身后，两只喜鹊正在圆台上觅食。

喜鹊的出现，让画里有了一点喜剧的感觉。

这喜鹊，在为以艺换得好茶来的赵孟頫偷着乐么？其实，它们的出现仍然无法掩去他内心的孤单。赵孟頫，因时局的变化，受到猜测排挤、鄙视指责，这种精神的痛苦让他不得不把精力转移到书画的世界里，并倾心佛道。晚年的他，抄录佛经是每天的必修课，这也是他流传下来的抄录佛经多达八十余册的原因之一。据说，仅《金刚经》就抄录十一次。此外，《摩诃般若波罗蜜多心经》、《圆觉经》、《金刚经》，他都抄写过多次。

仇英画的只是一个场景，无法复原赵孟頫抄经时的心情。但有意思的是，这幅画有不少题跋，渐渐地成为这幅画不可分割的一部分了。

《摩诃般若波罗蜜多心经》为文徵明书，书于金粟笺本上，末了还有题词："嘉靖二十一年（1542），岁在壬寅，九月廿又一日，书于昆山舟中。"

文彭的题跋是："逸少书换鹅，东坡书易肉，皆有千载奇谈。松雪以茶戏恭上人，而一时名公咸播歌咏，其风流雅韵岂出昔贤下哉。然有其诗而失是经，于舜请家君为补之，遂成完物。癸卯仲夏，文彭谨题。"

文彭是文徵明的长子。

文嘉是文徵明的次子，他也有题识："松雪以茶叶换般若，自附于右军以黄庭易鹅，其风流蕴藉，岂特在此微物哉？盖亦自负书法之能继晋人耳。惜其书已亡，家君遂用黄庭法补之。于舜又请仇君实甫以龙眼笔意写《书经图》于前，则此事当遂不朽矣。癸卯八月八日，文嘉谨识。"

最后，此画辗转到了收藏家王世懋手中。他的题跋是："昆山周于舜博雅好古，尝得赵承旨以般若经换茶诗，而亡所书经，遂请仇实甫图之。而文待诏徵仲为补书小楷《心经》，皆极精好，即承旨复生，亦当击节。世懋得此卷于于舜家先所珍藏。承旨行书《心经》为力上人写者妙若合璧，因以换茶诗诸跋足之，而实甫图徵仲书，居然自成一胜，政无所藉承旨跋也。徵仲两子寿承、休承各跋补书之意。惜其字皆入品，不忍去之。盖一举而得两完物，自谓得荣览者，毋以跋为疑也。万历甲申十月朔，王世懋题于损斋中。"

最后一处题款是："周于舜字六观，昆山人，收藏甚富，十洲尝馆其家，作子虚、上林二图，五年始成。文待诏为书二赋，此卷为六观作，当在其时图中。松雪象与本传所言不同，然往见小楷《尚书注序》前有提举杨叔谦画，象亦作方颡与此正同，知十洲必有所本也。壬寅上巳携松雪临褚黄庭士洲，模冷启敬蓬莱仙弈两卷，谒吾师于山庐，出示此图，属记于后。武进费念慈。"

读这么多的题跋，方知此画的来龙去脉，亦知其在历史长河里的辗转岁月。画如此，人亦如此，这幅《写经换茶图》因书与画的珠联璧合而成为国宝级的珍品。

在一座古镇慢慢老去

　　陈洪绶，生于1599年，卒于1652年，字章侯，号老莲，工诗词、擅书画。在他的诸多以茶事为题的画作里——如《品茶图》、《玉川子图》，以及《画隐十六观》之十二图等——我独喜《品茶图》。这位曾经被召为舍人奉命专画历代帝王像、削发为僧复又还俗的画家，在《品茶图》里呈现了一份如佛的宁静、隐逸与从容。

　　两位高士，相向而坐，一坐于珊瑚石上，一坐于硕大的芭蕉叶上，停琴品茗——琴已经收入了锦缎的琴套里，且品且谈，交谈中渐渐出现了一部用手心多次摩挲过的佛经。黑色的茶炉里燃起红色的火，照亮了一角的莲叶与莲花。这位给《西厢记》和《水浒传》画过不少插图的画家，在这里放弃了熟稔的版画技巧，却同样勾勒出高人逸士的立体感和强大的生命力。他们清谈的模样，让我想到了一个词：入化。晚年的陈洪绶，画艺更加炉火纯青，几臻化境，对重振元明以来日渐式微的人物画起了重要作用。清人张庚说："陈洪绶画人物，躯干伟岸，衣纹清圆细劲，有公麟、

品茶图　明　陈洪绶

子昂之妙。设色学吴生法。其力量气局，超拔磊落，在仇（英）、唐（寅）之上，盖三百年无此笔墨也。"此幅《品茶图》即如此。其实，也只有陈洪绶的功底，才能用清圆的线条让疏旷散逸的"化"境扑面而来。

《品茶图》里的两位无名高士，不似唐代周昉《调琴啜茗图》里那些尊贵的妇女，琴与茶只是她们感官的需要，是慰藉内心寂寞的短期工具。陈洪绶笔下的琴与茶，虽然是一段明代的文人生活，良朋知己，隐于山水，弹琴赋诗，不问政事，但本质上是一种内在的精神需求，是琴棋书画的茶，而不是柴米油盐的茶。

黄龙德曾在《茶说》里列举过宜茶的四季环境："明窗净几，花喷柳舒，饮于春也；凉亭水阁，松风萝月，饮于夏也；金风玉露，蕉畔桐阴，饮于秋也；暖阁红炉，梅开雪积，饮于冬也。"他还说，饮茶环境有清、幽、雅、雄、美之分："僧房道院，饮何清也；山林泉石，饮何幽也；焚香鼓琴，饮何雅也；试水斗茗，饮何雄也；梦回卷把，饮何美也。"如此对照一番，这幅《品茶图》，该是一幅初秋的品茶图。那可供久坐的怪石，委以琴台的奇石，硕大的芭蕉叶，盛开的瓶插荷花，清雅，自然，有古意。

从茶史的角度讲，《品茶图》传递出这样一个信息：明代茶的品饮方式已经流行撮泡法了。读此画，我总能读出些许禅意，以至于我总会不由自主地找来他的两幅佛画信手一翻，一幅是《无法可说图》，另一幅是《观音像》。《无法可说图》里的人物，深目、高鼻，似在给面前跪拜之人说法的罗汉，相貌奇异，令人喜欢，好像有五代禅月大师贯休的影子。《观音像》的男相观音，身披白衣袈裟，手执拂麈，端坐于菩提叶团上，面方耳阔，眼细眉长，一如论者所言，"躯干伟岸，衣纹细劲清圆"，且以劲秀字体抄半篇《心经》，临末还署了"云门僧悔病中敬书"，心中的隐隐佛意，出来了。

的确，《品茶图》里的高士几近于佛了。即便不是佛，他们的心底也辽阔得风轻云淡，辽阔得澄澈透明，他们一定是在一座很古很旧的镇子里，把茶言欢，静坐谈佛。这样的古镇，多好。我是一个有着古镇情结的人，我多么愿意自己的晚年也能在这样一座古镇缓慢地老去，在我的床头左右，各放着一册丝绸包裹的佛经。

竹炉记

一说到竹炉，总会有人一脸文化地给你说：苏东坡的"松风竹炉，提壶相呼"，写得真好。说实话，这句子跟"一蓑烟雨任平生"有着异曲同工的放达与快意。不过，就算你翻烂苏轼全集也找不出这句话，因为他根本就没这样说。这句话是谁说的，我也不知道——不管谁说的，"松风竹炉，提壶相呼"的意境，清远曼妙，风流蕴藉，耐人寻味。

而且，一方小小竹炉，总是那么令人欢喜，一如紫砂。

最早碰到它，是在杜耒的《寒夜》里："寒夜客来茶当酒，竹炉汤沸火初红。寻常一样窗前月，才有梅花便不同。"短短四句，一个温柔敦厚深情厚谊的夜晚活脱脱地出来了。倘若从竹炉的历史看，这该是它在历史文献上的首次登场。其实，竹炉还有个名字，叫苦节君。明代高濂在《遵生八笺·饮馔服食笺》里谈到茶具十六器时提到过，并释文为"煮茶竹炉也"。可是，为什么要给竹炉冠名苦节君呢？大概是因为外围是以竹子编制而成吧。

煮茶图　明　王问

　　清代陆廷灿的《续茶经》对它如此描绘："肖形天地，匪冶匪陶。心存活火，声带湘涛。一滴甘露，涤我诗肠。清风两腋，洞然八荒。""肖形天地"，是因其造型为上圆下方，象征天圆地方，"匪冶匪陶"是指其材质为竹子，非金属，亦非陶瓷；而"涤我诗肠""清风两腋"，大抵是其出神入化的功效了。

　　本来，竹炉不过一茶具耳，但跟紫砂一样，历史最终有意无意地给它赋予了深厚得喘不过气的文化意味。明代中叶以后，随着江南一带商品经济高速发展，文人士大夫为了逃避政治纷争，选择归隐山水园林，躲避于书斋茶室，他们放情诗酒琴茶，品茗雅集也就成为日常生活中的一项主要内容，这恰好让竹炉在宋代的基础上有了进一步发展，并经由晚明文人的倡导，渐渐成为隐逸文化的一个重要符号。

其实，竹炉的荣光，与惠山泉息息有关。

无锡之南的惠山，历史上就有"九龙十三泉"之说，其中惠山泉最为有名。相传，此泉于唐朝大历末年由无锡县令警澄派人开凿，有方、圆两池。陆羽在《茶经》里就将其推为天下第二泉。后来，苏轼在这里留下了"独携天上小团月，来试人间第二泉"的吟唱，让惠山泉名闻天下。自此以后，历代文人骚客对惠山泉的品茗游玩题咏不绝，形成了深厚的文化积淀，这种积淀最终在明代发出了熠熠光芒。据《无锡金匮县志》记载，明洪武二十八年（1395），惠山寺听松庵高僧性海请湖州竹工编制了一个烹泉煮茶的竹炉，高不过一尺，外用竹编，里为陶土，炉心装铜栅，上罩铜垫圈，炉口护以铜套，形似道家的"乾坤壶"。性海高僧以竹炉煮惠山泉水泡茶，招待前来游赏的文人雅士，一时传为美谈。当时的无锡籍画家王绂，是性海的好友，应邀为之作《竹炉煮茶图》，并题诗云："寒斋夜不眠，瀹茗坐炉边；活火煨山栗，敲冰汲涧泉，瓦铛翻白云，竹牖出青烟；一啜肺生腑，俄警骨已仙！"性海还请大学士王达撰写《竹炉记》，请当时文人名士题跋，装订成《竹炉图咏》，与竹炉一起置于听松庵珍藏。这就是首次以听松庵竹炉为主题的茶文化盛会，也就是历史上声名赫赫的"竹炉清咏"。可惜的是，后来此竹炉一度流失，直到 1684 年无锡著名词人顾贞观为竹炉山房重制竹炉，算是以复旧制，他还写了《重制竹炉告成志喜甲子仲秋》一文，以记其事。

从此以后，听松庵里的这盏古色古香的竹炉，成为中国茶文化中的一个"尤物"，引起了明清以来百余位文人、僧人甚至达官贵人的关注。他们一边以此竹炉煮惠山泉水，以烹佳茗，一边尽情地挥洒着艺术才华，作诗撰文，挥墨作画，极尽歌吟赞美之能事，从而形成了惠山听松庵竹炉"烹泉煮茗"的独特文化现象。粗略统计，留传下来的诗文有两百余篇，书法绘画有十余幅，专著有四部。

任何器皿，一旦上升到文化层面，就不再缺少文人墨客的描摹抒写。前三次的竹炉清咏，都是以王绂所画的《煮茶图》为基础，进行诗文吟咏的。在第四次以听松庵竹茶炉为主题的歌咏会上，唐寅与祝枝山联袂完成了《惠山竹炉和竹茶炉诗草书合璧卷》，一改前三次的山水横幅，独辟蹊径地完成了惠山听松庵竹茶炉诗书画合卷，画了一幅真正意义上的"听松庵竹茶炉图"。画中，一文士、一僧人，于梧桐树下坐饮品茗，竹炉置于石凳之上，一童子正在扇炉，另一童子正在汲水，笔画简洁，色彩鲜丽。

此画作于正德四年（1509）初夏。后来，清代法良专门写了一篇《跋唐六如祝枝山竹炉图咏卷》，介绍诗画合卷的情况：

> 六如居士在明为一代名手，所画人物山水，深得北宋及宋元人遗意。……落笔古雅，品兼神逸。诚明四家中自树一帜。

此《慧山竹炉图》为吴文公作。卷止四尺，树木山石超逸绝伦。坐床者似为鲍翁照。傍坐一僧观枝山诗，或即冰壑和尚，不知是否？至神采奕奕，识者自解。尾有祝京兆题识，诗字俱佳，可谓双璧。隔水绫上有孙渊如印，后归江都孟玉生处士。道光庚戌，得晴玉生所，因并记之。是岁六月初三日，书于袁江官廨种梅轩。长白沤罗侍者法良识。

明代王问的《煮茶图》，也是一幅与竹炉有关的重要作品。

王问曾在无锡惠山听松庵之侧筑有别业，晚年隐居于惠山听松庵，得近水楼台之便，对性海的竹茶炉非常熟悉，所以，《煮茶图》画的自然是惠山煮茶赏画的场景。三个文人一起喝着茶，右边那个端坐于蕉叶上的文人，手拿铁箸，正往炉口拨炭烧水——细观竹炉，四方形，有一出烟口，炉上放一茶壶，形状与吴经墓出土的紫砂提梁壶十分相近。值得一提的是，此竹炉与听松庵的竹茶炉还有些细微区别，听松庵的竹茶炉上圆下方，此竹炉的形制似乎过于简单了些。

文徵明在《惠山茶会图》的竹炉，其形制与王问《煮茶图》中的竹炉相似，都是长方形，只是略高了些，而且在茶炉上加了点行头，多出了一高身筒壶。丁云鹏在《煮茶图》里描绘了一文人坐于榻上煮茶的场景，那个斜倚于紫檀嵌螺钿榻上目光正专注于面前的竹炉的文人，像是在回忆往事。在榻前的石案上，放着许多茶具：漆嵌螺钿食盒、白釉茶叶罐、紫砂茶壶、带漆茶托的白釉茶盏以及作为装饰的盆景。这里的竹炉与明代顾元庆的线描苦节君形制大体一致。

明代王绂的《竹炉煮茶图》遭毁之后，董诰在乾隆庚子（1780）仲春，奉乾隆皇帝之命复绘一幅，因此称《复竹炉煮茶图》。画面有茂林修篁，茅屋数间，屋前茶几上置有竹炉和水瓮。远处是清丽的山水，景色优美，画右下有画家题诗："都篮惊喜补成图，寒具重体设野夫。试茗芳辰欣拟昔，听松韵事可能无。常依榆夹教龙护，一任茶烟避鹤雏。美具漫云难恰并，缀容尘墨愧纷吾。"画正中有"乾隆御览之宝"印。由于乾隆题咏听松庵竹茶炉与惠泉诗文极多，为了迎合皇上欢心，亦为了借皇权力量让其名扬四海，当时的无锡知县吴钺等人将明代至清乾隆时期有关听松庵竹茶炉诗文绘画与墨迹汇集在一起，刊刻行世，书名为《惠山听松庵竹炉图咏》。该书在郑振铎的《西谛书话》有著录，云："清吴钺辑，四集一册，清乾隆二十七年刊本。"

清代以来，一些文人追慕明人的雅风，选择在松风泉水旁设竹茶炉煮茶，使自己的文人情怀得到充分的释放。清代程致远的《煮茶图》就是典型的例子。该图描绘了两位人物，一文人坐于苍松下，松下的石案上放一竹席，上覆一兽皮，文人独坐于兽皮上，身后放一古琴。文人手摇羽扇，面前放着竹茶炉，旁边放大大小小的紫砂壶若干，还有贮水罐。文人的眼光关注于旁边取水的童子身上，童子正一手拿杓，一手提瓷瓶，在江边舀水，整个画面人物呼应得当，刻画精到。这里的竹茶炉，呈上大下小的方形，与明代相较，更简洁明了。上置一白瓷提梁壶，正煮茶。

金廷标的《品泉图》无论是内容及构思都与程致远的《煮茶图》有异曲同工之处，也描绘了文人高士在苍松下备泉煮茶的画面，只不过多了一个童子而已。一童子正专注于拔竹炉里的炭火，竹茶炉的造型与程致远画中几乎一致。

明清两代的画作里，关于竹炉的作品绵延不绝，要是把它们放在一起，能办一个蔚为大观的展览。

一直以来，中国古代文人延续着"宁可食无肉，不可居无竹"的居住理想，所以，往小里说，竹炉是煮茶品茗的器具之一，往大里说，是文人雅士追求精致诗意的生活方式——如此一想，竹炉不只是竹炉，而是泅散在历史册页上的一个古典之梦。

眠云卧石

茶从最初的药用发展到茶道，经过了漫长的时间。大约在中唐时期，陆羽著成《茶经》，既开了为茶著书的先河，也标志着中国茶道体系的初步建立与形成。自此以后，茶，已然不再是简单的饮品，而是包括水、器、火等在内的一整套程序与规则。在中国茶道的发展流变中，中国文人一直承担着一个重要的角色：作为茶道最忠实的秉承者，他们的言行举止既是中国古代文人生活方式的一部分，也在暗处滋养着中国茶道，并且使其发扬光大。

试茶，就是其中极为重要的一环。

唐代诗人刘禹锡《西山兰若试茶歌》，吟诵的是他在苏州西山一座小小寺庙里的试茶经历。读这首诗，感受最深刻的两句是"欲知花乳清泠味，须是眠云卧石人"。应该说，这首诗的别致之处是借自己的试茶经历提出了一个试茶人的标准：眠云卧石。换言之，要有闲情逸趣，要有风雅之气。

其实，古代既有试茶，亦有试泉，如果仅从"顾名思义"的

溪亭试茗图　明　文嘉　　　　　　　　竹泉试茗图　明　陆治

角度理解，试茶重于茶，试泉重于水。不过，看似主题不同的两样茶事，却常常形成交集，不可分割，甚至说，就是一回事。因为，一杯茶，离不开水，离不开器具，所以说，试茶，也是在"试水"。张大复的《梅花草堂笔记》云："茶性必发于水，八分之茶，遇十分之水，茶亦十分；八分之水，试十分之茶，茶只八分耳。"这是古人的经验，所以说，试茶是一个古老的命题，或歌咏，或墨绘，是古代茶文化里无法绕过的一个关键词。

文徵明的次子文嘉，也是吴门画派的代表人物，他曾经画过一幅《溪亭试茗图》。文嘉的画，得其父之风，笔法清脆，有倪瓒之气；着色山水，有幽澹之致，亦颇秀润。《溪亭试茗图》里的两个文人，小到猛一看是看不见的，轻勾淡染的远山，隐约可见，作为一种辽阔的背景，它所暗示的应该是这样一种可能——人在辽阔的大自然里试茗，是一种逍遥的人生，更是一次自我放逐。画上有款，曰：江南四月雨初晴，山涨苍烟新水平。携客溪亭试春茗，绿荫深处乱啼莺。

他的小楷"轻清劲爽，宛如瘦鹤"，一个个分开看，像古代书生，清俊极了。

陆治，另一位吴门画派的画家。晚年的他清贫如洗，隐居于苏州西侧的支硎山下，种菊自赏。他的《画溪渔隐图》，山峦怀抱的一泓江水，杂树生花，轻舟一叶，野趣无限，一个避居山水的隐逸形象，清雅而淡然。他还画过一幅试茗图，即《竹泉试茗图》。

并不茂盛的竹林下，两个宽衣博带的士人相视而谈，不远处的童子忙着煮茶，一条清澈的溪水绕身而流——如果说这些都是古代山水画里司空见惯的景致的话，那么，头顶的云团几乎是神来之笔，不规则的形状颇有古意，像是从神仙居住的地方飘过来的。文徵明题诗于上：绿荫千顷碧溪前，翠掩晴空散紫烟。是与高人能领略，试煮新茗汲清泉。

　　寻一方山水，汲清泉煮新茗，乃人间快意之事。但，只有那些眠云卧石的闲人，才配得上这样的逍遥自在。

紫砂之旅

　　自紫砂壶横空出世以来，就以其返璞归真的质感以及"方非一式，圆不一相"的繁多式样深入人心，而且，在壶的泥坯上挥刀疾书，雕刻山水、花鸟、飞禽、走兽、书法、印章，使得紫砂壶成为一门繁复的艺术。应该说，紫砂壶茶具在明代才算进入了兴盛期，尽管紫砂陶艺的历史可以追溯到唐宋，甚至更早。不过，彼时的紫砂陶艺与茶关系不大，充其量也是一种取水盛水的器具，明代散茶的兴起以及撮泡法的流行，才使得具有良好实用功能的紫砂壶真正流行起来，并且以俗入雅，以平出奇，文人雅士也开始喜欢并参与到壶的设计制作中来。

　　紫砂壶的流行，堪称明代的文化事件。明代的诗词绘画里，就有不少咏赞、描绘紫砂茶壶的，如文徵明的"旋洗砂罐煮涧澌"、徐渭的"紫砂新罐买宜兴"。然而，今天的紫砂壶已经不仅仅是茶具，而是一种收藏，更与奢侈品有关。任何事物总有物极必反的时候，世人过分的热衷反而打破了紫砂壶原本平静的世界。更糟糕的是

紫砂壶　清　边寿民

平静被打破，随之而来的就是乱象丛生，这也是它离茶的本义越来越远的根本原因。

不过，所有的纷扰都无法改变茶与紫砂最初相遇时的曼妙与美好。择一良辰美景，躲在古画里看紫砂，别有一番风味，这风味，是安静的，也是沉寂的。

如果说明代中期文人画家王问的《煮茶图》里出现的那把提梁壶开了紫砂壶入画的先河，那么，随着紫砂壶的普及与流行，

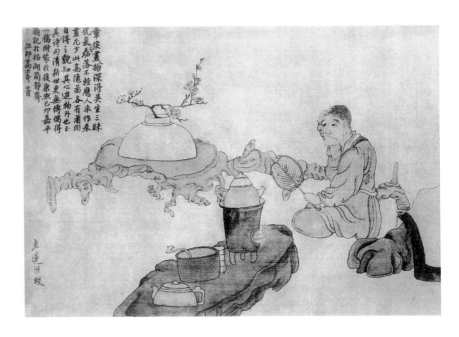

高隐图卷　明　陈洪绶

　　它渐渐地成了画中常客。浩繁庞杂的画册里，边寿民的《紫砂壶》可能是最早开门见山地以紫砂壶为题的画作了。

　　边寿民（1684—1752），江苏淮安人，扬州八怪之一，工诗词、书法，画山水、花鸟，尤为擅长画芦雁。他的《紫砂壶》是《白描花果小品》册页里的一幅，作于乾隆二年（1737），现藏于扬州博物馆。画里有西洋画素描的影子，既非纯粹的块面明暗处理，也非中国工笔画的晕染，而是干笔淡墨略加皴擦，边缘以线条勾勒，茶壶的质朴之美，一下子就出来了。《紫砂壶》上题：古人称茶为晚香侯，苏长公有烹茶诗可诵。下录苏东坡茶诗一首。后署："丁巳闰九月，苇间居士边寿民。"并钤白文印二，其一为"茶熟香温且自看"，其二为"寿民"。

我去过扬州，可惜行色匆匆，没能一睹真容，现在想想，也挺遗憾的。

明清画作里，出现最多的紫砂壶是提梁壶。唐寅《事茗图》里的桌案上置放的就是紫砂提梁壶，仇英《松溪论画图》里炉上架着的，也是。还有蒲华《茶熟菊开图》，正中央也是提梁壶，壶后还有玲珑太湖石，壶前盛开的菊花，摇曳生姿。

最有意思的是陈洪绶《高隐图卷》里的那把紫砂壶。我每次看完，都会忘了壶的模样，倒是记住了那个"高隐之人"，明明摇扇煮水泡茶，却手挠头、眼斜视，他在想着什么呢？是缶中之花，还是其他？

泉水叮咚

　　水为茶之母，器为茶之父。意谓一杯好茶，既要有茶具的配合，也少不了水的相辅。但水之高下，在古代的茶书里众说纷纭，最著名的就是陆羽在《茶经》里的论断了：

> 　　其水，用山水上，江水中，井水下。其山水，拣乳泉石地慢流者上，其瀑涌湍漱勿食之，久食令人有颈疾。又多别流于山谷者，澄浸不泄，自火天至霜郊以前，或潜龙畜毒于其间，饮者可决之以流其恶，使新泉涓涓然酌之。其江水，取去人远者。并取汲多者。

　　大抵是说，煮茶之水，用山水最好，其次是江河的水，井水最差。水有高下，而泉亦有高下。古人就给天下的泉排过座次。所以，一潭清泉也是古代茶画无法绕过的一个关键词。但是若只画山涧之泉，而无茶之幽香，那该是山水画了；若在山水里借助一盏茶杯、

松亭试泉图（局部） 明 仇英

一个煮茶的童子氤氲出点点茶香，那就有茶画的意境了。

在我有限的阅读里，明代吴门四家之一的仇英的《松亭试泉图》就是开山之作。此画绢本设色，现藏于台北故宫博物院。画中，长松枫林下，一高士趺坐石上，等待来渡。松干古藤四绕，石岩间青草萋萋，岸边芦苇四五，散落摇曳。对岸舟边，众人正赶趁渡船，修竹茅舍，一片乡村景色。中景一峰陡起，峰头密林或点或作夹叶，小石累累，写出大小石块相间情状。山脚下小路萦回，秋林黄白相间，岸边小舟三四，泊于树荫浓处。远处村落连绵，林木翁翳，白云出没。此图无一笔不工整匀贴，即使小至远处竹叶，无不正反枯荣，曲尽其态，是仇英惯用的撞水手法。

之后，山泉屡屡进入画中。

同为"吴门四家"的沈周画过一幅《吸泉煮茗图》，纸本，水墨，也藏在台北故宫博物院。不同的是，沈周画的是自己亲身经历的故事。某夜，他与友人夜游虎丘，遣童子月下去汲虎丘石泉。而《吸泉煮茗图》里就有一持杖契壶的童子，在林间山径行走。

稍后的钱选画过一幅《惠山煮泉图》，亦以泉为题，亦有童子相随。清乾隆时代的画家金廷标的《品泉图》，月下山林，泉水淙淙，一文士悠闲地坐于靠溪的垂曲树干上，一童蹲踞溪石汲水，一童竹炉燃炭。不同的是，这是一次郊外汲水品茶的连环图画。这从画里的烹茶道中可见一斑——除了竹炉、茶壶、四层提篮（挑盒）、水罐、水勺、茗碗之外，茶炉四边皆绑提带，可见此茶器

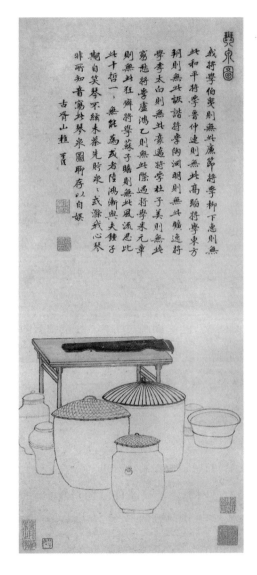

琴泉图　明　项圣谟

是用来外出旅行的。

金农曾以玉川先生为题，画过《玉川先生煎茶图》，是《山水人物图册》之一，作于乾隆二十四年（1759），其用笔古拙，富有韵味，画的是卢仝在芭蕉荫下煮泉烹茶，一赤脚婢持吊桶在泉井汲水。画中的卢仝纱帽笼头，颔下蓄长髯，双目微眬，神态悠闲，身着布衣，手握蒲扇，亲自候火定汤，神形兼备，显示了金农浓重的文人画风格。图右角题云："玉川先生煎茶图，宋人摹本也。昔耶居士。"这幅画藏于北京故宫博物院。

在诸家品泉图里，最有创意的当属项圣谟的《琴泉图》，可谓匠心独运。他略去了试泉的高士与山僧，突兀地在一长桌上置一把深色无弦的古琴，而且还有大大小小高高低低的七件贮水缸、坛、桶、盆、瓮。让你觉着，一个人，用如此之多的器物收藏泉水，这泉水自然是好的。自题诗曰：

> 我将学伯夷，则无此廉节；
>
> 将学柳下惠，则无此和平；
>
> 将学鲁仲达，则无此高蹈；
>
> 将学东方朔，则无此诙谐；
>
> 将学陶渊明，则无此旷逸；
>
> 将学李太白，则无此豪迈；
>
> 将学杜子美，则无此哀愁；

将学卢鸿乙，则无此际遇；

将学米元章，则无此狂癖；

将学苏子瞻，则无此风流。

思比此十哲，一一无能为，

或者陆鸿渐，与夫钟子期；

自笑琴不弦，未茶先贮泉；

泉或涤我心，琴非所知音；

写此琴泉图，聊存以自娱。

　　最有趣的是，此画钤印不少："项圣谟印"、"易庵居士"、"胥山樵项伯子"、"项孔彰留真迹与人间垂千古"（白文）、"松阴梧影之间"（朱文）。这么多的印章，项圣谟一个个地钤上去的时候，耳边会不会响起泉水叮咚的声音呢？

玉兰花下

　　这幅《煮茶图》，不少人是当作丁云鹏的另一幅《卢仝煮茶图》。其实，我也这么认为的。之所以单列出来，是因为太喜欢那一树玉兰花了。古人有傲霜赏菊冬雪探梅的雅兴，喜欢把茶、暗香袭人的梅花、暗含隐逸之情的菊花以及琴瑟紧密地联系在一起，而丁云鹏的《煮茶图》，除了床榻、石案、器皿外，煮茶人的身后还有一树盛开的玉兰花，一朵朵数不清的玉兰花与玲珑的石头、杂草异卉联手构成了一种别样的安静。

　　如果真有一场风吹过，玉兰花会落下来么？如果落下来，随手捡拾几朵投入茶杯，是一杯茶香裹着玉兰花香的花茶么？——不管有没有风，玉兰花入茶画，给我们吹来了一场新鲜的风。

　　清代黄图珌在《看山阁闲笔》里谈及玉兰时，云：琼林玉树，本出仙家，不意尘世得之。将有望于吾辈临风啸咏，舒泄其精灵耶？赏宜夜饮，燃蜡则不如坐月之妙矣。"本出仙家"的玉兰作为饮茶的背景，也是绝配，可见丁云鹏的匠心独运。

煮茶图　明　丁云鹏

按说，一个艺术家的作品会顺着"庾信文章老更成"的路子往下走，而在董其昌看来，丁云鹏晚年的作品"不复能事，多老笔漫应，如杜陵入蜀后诗矣。"董偏偏喜欢他的早期作品——《煮茶图》是丁云鹏的早期作品——这也许是艺术审美里的仁者见仁智者见智。不过，《煮茶图》设色清秀，繁复而不失严谨，典型的铁画银钩技法把一份原来的宁静衬得特别醇厚，仿佛那杯茶能把人带入一个无忧的境界。

丁云鹏（1547—1628），字南羽，号圣华居士，安徽休宁人。休宁的松萝茶，有"炒青始祖"之誉，是历史上的名茶，采制考究，饮之有橄榄香——读此画，隐隐能闻到松萝茶特有的橄榄香，夹杂着玉兰花的香味，弥散开了。

梅花点点

　　超山，一听名字，就有点超然之意。所以，不能不去。去超山，就是赏梅。超山的梅花以"古、广、奇"而著称。古者，中国有"楚、晋、隋、唐、宋"五大古梅，而超山独有唐梅和宋梅；奇者，超山有六瓣梅，举世罕见；广者，超山的梅花有五万余株，绵延十余里，蔚为大观，可谓十里香雪海。从超山探梅归来，走了那么多路，不但不累，反而来了兴致，就找出厚厚一沓画册，一页一页地寻找梅花。

　　最先看到的是汪士慎的《墨梅图》。

　　《墨梅图》，纸本，墨笔。纵304厘米，横7013厘米。长卷画面为墨梅，似乎未涉茶事。但从画左的题诗可知，此画系为饮茶得意而作。题诗曰："西唐爱我癖如卢，为我写作煎茶图。高杉矮屋四三客，嗜好殊人推狂夫。时予始自名山返，吴茶越茗箬裹满。瓶瓮贮雪整茶器，古案罗列春满碗。饮时得意写梅花，茶香墨香清可夸。万蕊千葩香处动，桢枝铁干相纷拿。淋漓扫尽墨

梅下横琴图　明　杜堇

131

一斗，越瓯湘管不离手。画成一任客携去，还听松声浮瓦缶。"茶香墨韵，越瓯湘管，茶炉笔床，历来是文人不可或缺的案头清供，画家又多以写梅寄情，只为共取一个"清"字。汪氏亦然。此画曾为夏衍收藏，1989 年捐赠浙江省博物馆。

读毕汪氏的梅花，岂能忘了吴昌硕。毕竟，大白天去过的超山就是他的长眠之地。晚年的吴昌硕，最痴迷的就是超山的梅花。他的茶画里处处闪烁着梅花的影子。《品茗图》、《煮茗图》、《春梅烹茶图》里都有一枝梅花，他还嫌不够，画了《茗具梅花图》，似乎梅花不仅仅是他生命里的一部分，甚至就开在他的身体里。

杜堇的《梅下横琴图》，是一幅文人抚琴赏梅图。老梅虬曲，红梅绽开，士人倚坐树干，手抚琴弦，仰视梅花，旁有童子煮茶捧盏伺侯——旧派文人追求的清雅之趣，大抵如此。只是，因为接近马夏一派，山峦树石柔和了起来，清新秀逸里也就少了些许放达。

梅者，古人引以清客。风雅的古人不仅喜欢冬雪未尽时踏雪探梅，亦喜欢于梅花之下"拂石榻，静坐于花间，吸清茗，读《汉书》，勿焚异香，勿对俗客，勿语世事，勿泛霞觞，如是可以为和靖之友矣"。和靖者，宋代诗人林逋，隐居西湖孤山，终年不婚不仕，赏梅养鹤，梅花于他，已经不只是一朵花了。

时值江南深冬，折一枝梅花，啜一杯清茶，人生夫复何求？

清且远兮

茶具入画，久矣。

最早的茶画《萧翼赚兰亭图》的左下侧，有一茶床，就是陆羽在《茶经·四之器》里提及的具列，专门用以摆放茶具。具体的茶具，有茶碾、茶盏托及盖碗各一。自此以后，凡有茶画，则必有茶具。不过，这些茶具要么是山水的一种附丽，要么是茶客的点缀，说白了，充其量是配角。直到明末清初，这种延续多年的格局才被突破，这表现在项圣谟的《琴泉图》——之前文徵明的《茶具十咏图》，虽以茶具为主，但草堂之上还是坐着一位隐士。

我不知道，项圣谟在他以泉为中心的《琴泉图》里画下的那些大大小小高低不一的缸坛桶瓮，算不算茶具的一部分，但一个极其重要的信息是，从此以后，茶具作为茶画中独立的主角终于登场了。

但又出现了一个有意思的现象，几乎在所有以茶具为题的画作里，都配之以梅，或者菊。是梅菊配茶具，还是茶具配梅菊？

明清的茶具图里似乎都有朵朵菊花或者点点梅花。在这些以茶具为主体的画作里，清代薛怀的《山窗清供》另辟蹊径，让人耳目一新——清新之处在于既没有梅，也没有菊，只剩下茶具，只是作为清供，这样的构思与设意，如一股山乡清风，在古代茶画里还是较为独特的。

在这幅横轴里，大小茶壶和盖碗各一，占据了画面的大部分。少了梅与菊，少了常见的茶客，显得有些突兀。茶客的缺席，让人有种不适应的感觉，但若读读画中题的诗句，就释然了。诗是五代胡峤的诗句："沾牙旧姓余甘氏，破睡当封不夜侯。"还有一首诗人朱显渚所题的六言诗："洛下备罗案上，松陵兼到经中，总待新泉活火，相从栩栩清风。"

清代的画家里——把范围再缩小一下——在清代的小品画家里，薛怀算不上佼佼者，在那个封建王朝走向没落的时代，一流的画家反倒多如牛毛，一丁点没落的气息都没有。而薛怀像一个贫寒人家的子弟，不卑不亢，以一己之思为我们画出了一份久违的清远与落寞。画名之"清供"，让人不免联想到林洪的那册《山林清供》。我不是彻底的素食主义者，但喜欢这册书里的山野味与隐逸气，就像我不是彻底的文人，却同样喜欢薛怀笔下的这段文人生活。在我们这个花花绿绿的世界里，清供何为？不少人可笑地以为，在书斋里置一盆花，或者弄点奇石古玩，就已经很清供了，满室就会雅气四溢。其实，这离清供还有十万八千里的路。

从本质上讲，清供更应该是精神世界里有一盏不熄的安宁之光。

从这个意义上反观《山窗清供》，就会发现，当"清供"一词从薛怀的笔下一出，画里的禅味，深了。自柏林禅寺从谂禅师那桩"吃茶去"的公案以后，茶禅一味一直是茶学史上的一个古老命题。薛怀，是想用一幅画图解这深刻的意味么？可惜的是，余生已晚，薛怀早已驾鹤西去，我们之间无法穿越时空的隧道进行一次访谈。但薛怀一定不会想到，当下的文人们与速度赛跑的样子是如此拼命。我见过不少文人，不但不甘寂寞，反而热衷热闹，喜欢不辞辛苦千方百计去扯大旗，真正能够沉淀下来的东西，实在太少了。所以，我多么希望这样的小册页，能规劝那些为名利所累的文人们，守住一个文人应有的寂寞吧。

寂寞有了，即使不能立地成佛，至少，身为文人的底线尚在。

茶与砚及墨之间的无穷关系

几年前，浪迹江南，去湖州玩了数天，在当地的旧书摊上买了一册闲书，里面有介绍画家钱慧安的章节。从这册地方历史文化简明读本来看，他的经历大致如下：1833 生于宝山高桥镇（旧属江苏，今上海辖区），少年时代师从民间画师，后临摹仇英、唐寅、陈洪绶的画风，继而学习费丹旭、改琦、上官周等名家，对清初《晚笑堂画传》更是心追手慕，终将诸家之法融会贯通，于是，他的人物画既有传统绘画的精髓，亦有民间年画的优良传统，同时注意吸收西洋美术的写真特点，呈现出以雅写俗、俗而不媚的万千气象。

后来，读到他的《烹茶洗砚图》，果然有中西合治之气，令人叹服。《烹茶洗砚图》，立轴，纸本，设色，纵 62.1 厘米，横 59.2 厘米，现藏于上海博物馆。这是作者在同治十年（1871）给老友何维熊（字文舟）所作的肖像。画中，两株虬曲的松树下，有傍石而建的水榭，一中年男子倚栏而坐。榭内琴桌上置有茶具、

烹茶洗砚图（局部）　清　钱惠安

书函，一侍童在水边涤砚，数条金鱼正游向砚前；另一侍童拿着
蒲扇，对小炉扇风烹茶，整个画面营造出了一派闲静、安详、有序、
天人和谐的氛围，而且，人物线条尖细挺劲，转折硬健，师法陈
洪绶而不受所囿，其技法已臻纯熟，仪容闲雅，设色清淡，为清
末海上画派的风格。画左上篆书题"烹茶洗砚"，另行行书："辛
未新秋，凉风渐至，爽气宜人，适文舟尊兄大人属布是图，聊以报命，

即希正文。清豁樵子钱慧安并记。"

张鸣珂《寒松阁谈艺琐录》里记述开埠后之上海"侨居卖画，公寿、伯年最为杰出。其次画人物，则湖州钱慧安⋯⋯皆名重一时，流传最盛。"钱慧安的《烹茶洗砚图》就有人物肖像画的质感，但过人之处在于身在市井却雅气十足，有出淤泥而不染的超脱之境。

也许，这点雅也与那方砚台的映衬有关。

其实，茶与砚及墨之间，有着说不清道不明的关系。早在北宋，苏轼在《东坡杂记》里提到："茶可于口，墨可于目⋯⋯茶与墨，二者正相反⋯⋯上茶妙墨俱香，是其德同也；皆坚，是其操同也；譬如贤人君子，妍丑黔皙之不同，其德操蕴藏，实无以异。"在这看似去向不同的两者之间恰好有相同的本质，那就是沉静、安稳——无论茶还是墨，都是一个人退隐江湖后的文化选择，也是散淡闲适生活里不可缺少的一部分。

历史上就有一段苏轼与那个砸缸救溺的司马光的茶墨之辩。

相传，司马光好茗饮，一日，邀好友斗茶品茗，大家带上各自收藏的上好茶叶、茶具、水赴约。先看茶样，再闻茶香，后评茶味。苏东坡和司马光所带的茶成色均好，因苏东坡自携隔年雪水泡茶，水质好，茶味纯，遂占了上风。苏东坡心里高兴，不免有些乐滋滋的。当时茶汤尚白，司马光内心不服，遂出题有意刁难："茶欲白，墨欲黑；茶欲新，墨欲陈；茶欲重，墨欲轻。君何以同爱二物？"

苏东坡不慌不忙地回答："二物之质诚然矣，然亦有同者。"司马光问其故，苏东坡从容对曰："奇茶妙墨俱香，是其德同也；皆坚，是其操同也；譬如贤人君子，黔皙美恶之不同，其德操一也。公以为然否？"众皆信服。

此事在宋代张舜民的《画墁录》是这样记载的："司马温公云：茶墨正相反。茶欲白，墨欲黑。茶欲新，墨欲陈。茶欲重，墨欲轻。如君子小人不同。至如喜干而恶湿，袭之以囊，水之以色。皆君子所好玩，则同也。"

宋代曾慥《高斋漫录》里的版本稍有不同：

"司马温公与苏子瞻论茶墨俱香云：'茶与墨，二者正相反。茶欲白，墨欲黑；茶欲重，墨欲轻；茶欲新，墨欲陈。'苏曰：'奇茶妙墨俱香，是其德同也，皆坚是其操同也。譬如贤人君子，黔皙美恶之不同，其德操一也。'公笑以为然。"

这场堪称经典的茶墨之辩，让名士诗人的大家风范跃然纸上，把茶与墨的辩证关系提了出来，且留下了历史的回声。司马光关于茶与墨的"白"与"黑"、"重"与"轻"、"新"与"陈"的发问，算得上精彩，而苏东坡关于茶与墨在本质上"德"、"操"之思，更是深刻。其实，茶与墨固然指向不同，但归宿相同，所以，若能兼而爱之，茶益人思，墨兴茶风，相得益彰，也算一份惬意的生活了。

也难怪，清人梁巘在《承晋斋积闻录》里谈到，"品茶试砚是人生第一韵事，是吾辈第一受用"。

扬州八怪之一的汪士慎可能是把茶、砚、墨演绎得出神入化的人了。晚年的他，一边品茶，一边研墨画梅，喝一会儿茶，研一会儿墨，画一会儿梅花，一天也就过去了。

"墨试小螺看斗砚，茶分细乳玩毫杯"只是古人的玩法，如今，有这等闲情逸致的人不多了。况且，在这个高房价的年代里，米贵如油，居大不易，像文震亨所言的"构一斗室，相傍山斋，内设茶具"的家居理想，几乎是一个奢侈的梦了，哪敢有茶室与画室兼而有之的非分之想！

光福寺的梅花、峒山的茶及其他

扬州八怪是古代画史上一个响当当的群体，常常被引来引去的。但在提及时总是那么三两个，如金农，如郑燮。这可能与他们的深入民间颇有关系。而八怪中的其他几位并非人人皆知，只在圈子里流行，比如既非扬州人、又不似金农、黄慎等在扬州卖过画的李方膺，就不见得人人都知道他也是扬州八怪之一了。

李方膺（1695—1755），清代诗画家，字虬仲，号晴江，别号秋池、抑园、白衣山人，乳名龙角，通州（今江苏南通）人。曾任乐安县令、兰山县令、潜山县令、代理滁州知州等职，因遭诬告被罢官，去官后寓扬州借园，自号借园主人，以卖画为生。与李鱓、金农、郑燮等往来，工诗文书画，擅梅、兰、竹、菊、松、鱼等，注重师法传统和师法造化，能自成一格，其画笔法苍劲老厚，剪裁简洁，不拘形似，活泼生动，被列为扬州八怪之一。

李方膺画过一幅《梅兰图》，说是梅兰之图，却把竹子也画进去了。冰片纹的瓶里斜插一枝梅，孤清冷艳，梅枝垂于瓶侧，

梅兰图　清　李方膺

枝上梅花点点；左侧有惠兰一盆，婀娜飘逸，洒脱自如；盆兰之后，有隐约的青竹枝叶。梅兰竹前，一壶一杯，造型拙朴，神态可人。画的下方是飘逸的长款，曰："峒山秋片茶，烹惠泉，贮砂壶中，色香乃胜。光福梅花开时，折得一枝归，吃两壶，尤觉眼耳鼻舌俱游清虚世界，非烟人可梦见也。乾隆十六年写于八闽大方伯署。晴江。"此画纸本，墨笔纵 127.2 厘米，横 46.7 厘米，曾由夏衍收藏，后于 1989 年捐赠浙江省博物馆。

《梅兰图》里，峒山茶、光福的梅花、兰竹、惠山泉水以及紫砂壶，都有了，简直是一场清雅的茶之盛宴。可我翻阅不少典籍，始终没弄明白，峒山秋片茶是哪里的茶呢？我只知道，湖北鄂州有一个名叫峒山的小村子。但从光福寺的梅花来判断，也许，峒山是太湖边上的一个古老村落吧。因为太湖边上的光福梅花，早在清代就已经闻名遐迩，有"香雪海"之称，就连康熙南巡都两次到光福邓尉山一带踏雪赏梅，还题写了两首七绝。

如果说康熙是附庸风雅，那李方膺爱梅就是文人的由衷喜爱，或者说，他爱的是梅的秉性、品格。他曾在《梅花卷》里写道："予性爱梅，即无梅之可见，而所见无非梅。日月星辰梅也，山河川岳亦梅也，硕德宏才梅也，歌童舞女亦梅也……知我者梅也，罪我者亦梅也。"他的好友袁枚曾经评论过他笔下的梅花："傲骨郁作梅树根，奇才散作梅树花，孤干长招天地风，香心不死冰霜下。"

他不但爱梅，还画梅，而且还画得真好，这是一件不容易的事。

他画的梅花，深得郑板桥赞誉。郑板桥在李方膺辞世五年后所作的《题李方膺画梅长卷》中说：

> 兰竹画，人人所为，不得好。梅花，举世所不为，更不得好。惟俗己俗僧为之，每见其大段大炭撑拄吾目，真恶秽欲呕也。晴江李四哥独为于举世不为之时，以难见工，以口口矣。故其画梅，为天下先。日则凝视，夜则构思，身忘于衣，口忘于味，然后领梅之神、达梅之性，抱梅之韵，吐梅之情，梅亦俯首就范，入其剪裁刻划之中而不能出。夫所谓剪裁者，绝不剪裁，乃真剪裁也；所谓刻划者，绝不刻画，乃真刻画。宜止曲行，不人尽天，复有莫知其然而然者，问之晴江，亦不自知，亦不能告人也。愚来通州，得睹此卷，精神浚发，兴致淋漓。此卷新枝古干，夹杂飞舞，令人莫得寻其起落，吾欲坐卧其下，作十日功课而后去耳。乾隆二十五年五月十三日板桥郑燮漫题。

郑板桥还在这幅画上题了首四言诗：梅根啮啮，梅苔烨烨，几瓣冰魂，千秋古雪。这十六个字，简直就是李方膺的人生写照。

有趣的是，另一位扬州八怪之一的李鳝直接效仿他的题款，画了一幅《壶梅图》。一枝梅花，一把破了的芭蕉扇，一把茶壶，较之李方膺的《梅兰图》，画面简洁了，题款照录——也不是完本是照录，将其"烟人"改为"烟火人"，一字之变，褪去了清

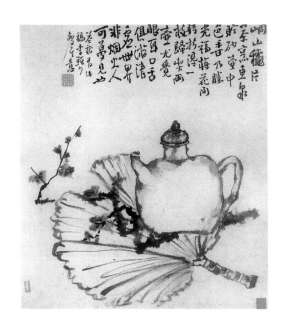

壶梅图　清　李鱓

幽，平添了烟火气。他对这种变化谦虚地解释，是"苍溪有此稿，李鱓少变其意"。

　　正是这次"少变其意"将花卉茶具类的空灵之境拓展开来，后来的不少画家，走的都是这条路子。

采茶图

迁居江南，每年春天，有看不完的美景。冬雪未尽，先去探梅，身上的梅香还未散尽，就可以到茶园看那一畦一畦的绿芽了。茶是用来慢慢品的，茶园有什么好看的？也许，茶园之景在一个南方人的眼里可以熟视无睹，但一个北方人还是喜欢看的。这几年，去过杭州的龙井茶园，去过富阳桐庐的茶园，还去过苏州东山的碧螺春茶园。逛茶园，买新茶，是我春天里忙得不亦乐乎的一件事。

因为离龙井村近，所以年年去。

从西湖边拐道去龙井村的茶园时，总会冒出一点艳遇的念想：渴望能在碧绿万顷的茶园里与一个美丽的采茶女不期而遇。可惜，我见到的是采茶人大多是茶农雇来的，他们从安微、江西一带赶来，就像甘肃、陕西、河南的农民千里迢迢跑到新疆摘棉花一样，这既是一种手艺，更是一种具有季节性的零工。真正的茶农已经很少采茶了，他们忙什么？

开农家乐！

凭着得天独厚的地理优势，在自家的院子里支几张仿古的桌子，摆几套茶具，再弄几盆盆景装点一番，喜欢尝新茶的宾客就如云而至，这就是现实中的茶农生活，与想象中的完全不一样。尽管我更期望茶农们能够怀着一份敬意去面对一枚枚鲜嫩的茶芽，但这只能是我的一厢情愿。我这样想，是私下认为，茶农的身体力行既是对茶的敬重，更是对大地的敬重。不过，偶读古诗，还是能读出遥远年代里采茶的万千气象来。

比如，刘禹锡的句子"溪中士女出筠篱，溪上远洋避画旗"，这阵势多蔚为壮观；再比如高启的句子"银钗女儿相应歌，筐中采得谁最多"，多热闹的场面。面容清秀的女子挎竹篮行走在绿意盎然的大地上，是一幅多美的春日图画，况且，古代没有高楼大厦，没有农家乐，没有如织的人流，这样的景象跟《诗经》里"所谓伊人，在水一方"所烘托出的意境同样古典诗意。顾不上如此怀旧了，于是就从浩繁的古画里找寻采茶女的美丽身影。让我绝望的是，竟一无所获，最终找到的扬州八怪之一黄慎的《采茶图》，画的不是采茶女，而是一位美髯慈目的老者！

陆游有"携篮苔径远，落爪雪芽长"的诗句，写的就是老翁挎竹篮采茶的场景。难道黄慎取其意？应该不是。黄慎笔下的人物画，经常是流丐、纤夫、渔民，也许这跟他幼时家贫有关。《采茶图》里手提竹篮、满怀喜悦，采茶归来的茶农，白髯飘飘，衣衫宽大，能让人联想到带月荷锄归的恬淡。他内心的喜悦，无法

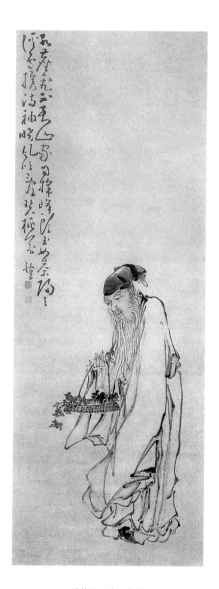

采茶图　清　黄慎

和今天西湖边上的茶农们卖出天价茶叶的喜悦相比。他的喜悦，是丰收的喜悦，是大地馈赠后的喜悦，闪烁着农历与节气的光芒。而今天的茶于茶农而言，却是一年一度的一场暴利生意。

画上自题诗一首，写得朴素，与画意极契合。诗曰：

红尘飞不到山家，自采峰头玉女茶。

归去溪寒携满袖，晓风吹乱碧桃花。

后来，读于良子先生的《翰墨茗香》，才知道，"黄慎名为《采茶图》的作品不独此一件。现藏美国堪萨斯城纳尔逊·艾京博物馆的一只方斗茶壶上面所刻的也是黄慎的一幅《采茶图》。画面为一老翁席地而坐，身边有一篮茶叶和一根长杖。左上款曰：'采茶图。廉夫仿瘿瓢子。'廉夫即画家兼鉴赏家陆恢，此画是他应书画家吴大澂所请而画的。在壶的另一面是吴大澂书就的黄慎《采茶诗》，诗云：采茶深入鹿麋群，自剪荷衣渍绿云。寄我峰头三十六，消烦多谢武陵君。"

一只远走他乡的壶，集诗书刻于一身，是何等的风雅！

再后来，读不少茶书，也没碰到过采茶图，更别说采茶女了，这多少有些"为伊消得人憔悴"的小遗憾。就在我把这遗憾忘得一干二净时，碰上了庞薰琹的《采茶女》。

庞薰琹是近现代著名的工艺美术家，他的作品融合了西方的写实素描与中国画的情趣，而他的情趣里有着扑面而来的民族特色，这一定与他 1938 年开始搜集中国古代装饰纹样和云南少数民族民间艺术关系颇深。他笔下的《采茶女》，略去了一望无际的茶园，整个画面突兀而出的是一个乡下的采茶女，像是刚刚采茶归来。她衣着艳丽，表情略带忧伤，极有可能是生之艰辛的一次显形——油画、水墨、线描以及图案设计等特色兼而有之的这个乡村采茶女，让我想起了自己苦难的童年以及艰难求学的那段遥远往事。

不知为什么，这位采茶女总让我想起他轰动一时的《提水少女》。

人淡如菊

单位对面的江寺公园，正在办菊花展，手头一有闲，就跑去看，看来看去不过瘾，就跑到杭州植物园看，那里正在办一场声势浩大的菊花展。据说，全国各地品种繁多的菊花都在这里开着呢。我去的时候，是下午，游客少，一个人挎着新买的佳能相机拍了一大圈，觉着做一朵菊花真好，沐着秋阳，开得无忧无虑，没有心事。人无心事是神仙，回来后情绪饱满，泡了一壶雪水云绿，不想看书，还想看菊花，可惜室内无花可看，只好看画里的菊花。

翻开《中国现代茶具图鉴》，有潘天寿的《重九赏菊图》。窗外的秋色因了重阳刚过，秋意一点一点地深了，恰好与这幅画的名字相吻合——窗外的桂香飘进来了，书里的菊花开得更艳了。

给茶续了水，接着看。这次看的是蒲华的《茶熟菊开图》。

蒲华是晚清海派画家的中坚力量，这位自号胥山野史的嘉兴人，取法青藤白阳，山水宗元吴镇，笔力雄健，酣畅淋漓，气势磅礴，故有"嘉道之后，唯缶翁与蒲华能之"。他既追求"作画宜求精，

茶熟菊开图　清　蒲华

不可求全"，又要求自己"落笔之际，忘却天，忘却地，更要忘却自己，才能成为画中人"。

他在《茶熟菊开图》里，画一提梁茶壶，开门见山点明画事主题，复于壶后勾勒出玲珑的太湖石，卧于纸上，两朵盛开的菊花摇曳生姿。他巧妙地用墨与淡彩设色，让整个画面简洁素雅，清新袭人，菊花开得浓烈，但不张扬。

"茶已熟，菊正开。赏秋人，来不来？"这是画家用类似谣曲的语言写的款识。这样的款识看似无关风雅，实际上有一种巨大的生命在场感与孤独感，仿佛在问：谁是知音，能与之烹茗品菊，共赏佳秋？无独有偶，"西泠八家"之一、曼生十八式的创造者陈鸿寿也画过一幅小品，绘一花一壶，题款也是"茶已熟，菊正开，赏秋人，来不来？"

与这样的孤独相比，虚谷的《品茶赏菊》就有点古意了，闲适与隐逸在画面上散开了。一朵带叶的菊花开得很艳，一把拙朴的提梁壶就在旁边，它泡的是什么茶呢？一枚"虚谷书画"的押首印，也说明不了什么，唯一能让人知道的是，这该是一个散漫的下午，一个人静享着秋阳的温暖。如果这样的小品册页，是虚谷画他自己的一段日月，那也真是难得。毕竟，这位曾为清军参将后披缁入山的画家，在他后来云游四方卖画为生的生活里，这样的安宁还是颇为少见的。虚谷的菊花开得艳，艳得像梦想的颜色，这梦想大抵与"采菊东篱下，悠然见南山"式的隐逸生活有关吧。

吴昌硕也喜欢画菊，菊花也常常出现在他的清供图里，《茶菊清供》就是其中之一。他在《缶庐别存》中说："予穷居海上，一官如虱，富贵花必不相称，故写梅取有出世姿，写菊取有傲霜骨，读书短檠，我家长物也，此是缶庐中冷淡生活。"1914年的吴昌硕，生活已经十分宽裕，但他在仍然画菊不画牡丹，也许，是菊花的淡远隐逸之意更加契合中国文人的内心追求吧。

——如果顺着时光往上回溯，我记得沈周也画过菊。他的墨画《瓶菊》成于弘治壬戌（1502）年。是年"清秋，瀹茗观菊于自可上人山房，戏为图此"。可见，赏菊喝茶是古人的一种生活方式。他还画过一幅墨画《重阳景图》，款曰："两只蟹，一瓮酒，为问东篱菊放否？"这一次，是赏菊饮酒又食蟹。

菊花盛开的秋天，不管品茶，还是饮酒，古人们追求的是一样东西——散淡。

"虚谷壶"

　　只出家、不礼佛的虚谷，画紫藤时，枝蔓跟叶子成几何图形，这是侧锋的结果。而中国画历来强调以中锋用笔为宗，也就是主张书法入画——虚谷对传统里陈俗旧规的"离经叛道"，使得他跟同时代的画家保持着不远不近的距离，以至有人夸赞他与同时代的西方印象派画家塞尚、莫奈、凡·高的画风有相似之处。在那个谈不上艺术交流的时代，如果真的"相近"，也该是巧合吧。

　　虚谷的独具一格，被吴昌硕赞为"一拳打破去来今"。

　　这也就是说，虚谷不按常理出牌——一个画家的出牌，也就是运笔。其实，想想他的人生经历，也就想通了。他的一生穿过儒服、戎装、官服、袈裟，最后静静睡在关帝庙的画案上，驾鹤西去。如此跌宕起伏的经历，哪怕往笔墨里滴上几滴，也自有奇崛之处。起初，我对此不以为然，后观其《菰蒲远眺图》，一下子就信了。一座木桥，虽是小桥，却在菰蒲丛里望不到边，一位黑发女子站在桥上张望着什么呢？远处白茫茫一片，山水混沌，最清晰的却

案头清供　清　虚谷

是她握在手里的那根细细的木棍。诡异的木棍不会说话，却对一个站在小桥上的人的全部心思洞若观火。

虚谷的茶画里，菊花瓣瓣分明，点染过的菊叶像是沐浴过最干净的空气与阳光，浑然天成。偏偏，躲在菊花菊叶后头的提梁壶，像怕见人似的，壶嘴短促，古拙质朴。他《案头清供》里的茶壶，也是一样的古拙，仿佛人群里一个憨憨的、不善言辞的汉子，大家高谈阔论，唯独他沉默不言。这样的壶，让想起若干年前去甘肃庄浪县下乡的一次经历。那次，在一户贫苦人家里采访，主人热情，羞涩，给我们煮好罐罐茶后就躲在门扇的一角，端着自己的茶碗，一言不发，只顾喝自己的茶。隐隐记得，他端着的陶质茶碗，跟虚谷笔下的壶，有些仿佛。

瓶菊图　清　虚谷

　　虚谷的小品里，还有一幅《茶壶秋菊》，仍然是壶嘴小、肩
肚大，古拙里透着尘世的气息——这让人忍不住称其为"虚谷壶"
了。不过，如此创意的叫法非我所创，而是在一册名为《翰墨茗香》
的书里看来的，觉着这样的命名有古意，就拿来做文章了。

　　此书作者于良子，中国书协会员、西泠印社社员，我与他一
江之隔，应该慕名拜访一趟。

乞水事件

晚年的汪士慎，先是左眼失明，后是右眼也失明了。面前一片漆黑，一个普通人都难以接受，遑论一个以颜色为业的画家。然而，汪士慎心平气和，坦然接受。54岁那年，他画完一幅《梅花图》后左眼失明，他竟然自嘲地给自己打趣：独目著寒花。他还自刻一印，云：尚留一目著梅花。这样的旷达与逍遥，一般人是学不来的。

汪士慎在失明前，曾画过一幅《乞水图》。

画里的老翁抱着一只瓮，在收藏积雪。积雪有什么好收藏的呢？这不是故弄玄虚，而是为了储藏雪水煎茶。古代的茶客，对水的要求比较高。尽管汪士慎曾经写过"急取黄梅雨，瓦铛亲灌引"的句子，自叙其对茶水的随意与随性，但他的心底还是渴望一场水与茶的盛宴。古人论茶时常说的"水为茶之母"，说的就是这么一回事：若无好水，茶味皆失。汪士慎的那个年代，雪水煮茶，不是风雅，而是茶客们的普遍追求。然而，当时居住在淮南的汪

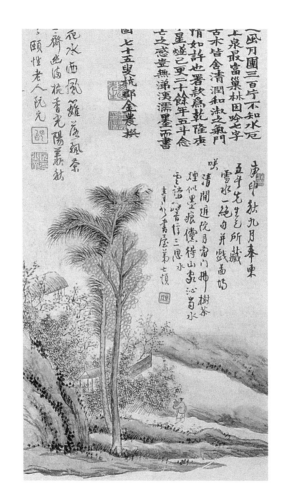

乞水图（局部） 清 汪士慎

士慎，冬天难得碰上一场大雪，所以，雪水煮茶，有点难。

只好去求。

他得知城北的焦五斗家藏有腊月的雪水，而且，这水是从一树一树的腊梅上积攒起来的，这让汪士慎的茶瘾也犯了，更加动心了。于是，他画了《乞水图》，题了款，曰：庚申秋九月，奉柬五斗先生乞所藏雪水一绝句并戏图博笑：清闲庭院月当门，拂树茶烟似墨痕。倘得山家沁齿水，云铛一夜响冰魂。青杉书屋弟士慎偶然作。言外之意，就是若能得到一罐雪藏水，则无比荣幸云云。

焦五斗，名仕纪，镇江丹徒人，其名取自杜甫《饮中八仙歌》里"焦遂五斗方卓然"之典故。此人长于诗文，著有《金山志》、《金焦二山志》，与郑板桥、高翔、汪士慎、罗聘等文人墨客结为好友，尤好品茗，冬日以雪水烹茶，称之为"天上泉"。

二十年后，焦氏怀念已经去世的汪士慎，就把这幅画拿出来，请他们共同的好友金农题写款识。金农欣然应允，记下了这桩雅事："巢林汪先生居广陵城隅，平日嗜茶，有玉川子之风。月团三百片，不知水也为烦也。同社焦君五斗，当严寒雪深堆径，时蓄天上泉最富。巢林因吟七字，复作是图以乞之。图中唯写破屋数间，疏篱一折，稚竹古木，皆含清润和淑之气。门外蛮奴奉主人命，挈瓶以送。光景宛然，想见二老交情如许也。署为乾隆庚申。未几，巢林失明，称瞽夫。又数载，巢林海山仙去矣。阅今星燧已更二十余年。五斗念旧勿替，装成立轴，请予题记。忆予与二

清夜烹茶图（局部） 清　汪士慎

老谊属素心，存亡之感，岂无涕洟濡墨而书耶。惜予衰老多病，未暇和二老之诗于其侧云。乾隆辛巳九月九日为吾五斗老友先生《乞水图》。七十五叟金农。"

郑板桥也有题跋，云："此画此诗此书，可值一瓮金，瓮水不足偿也。然巢林居士不以易金而以易水，则巢林之清品可知矣。不以易他人之水而以易焦五斗之水，则焦君之清品益可知矣。板桥老人系之以诗曰：抱瓮柴门四晓烟，画图清趣入神仙，莫言冷物浑无用，雪汁今朝值万钱。乾隆辛巳九月十四日。"

《乞水图》现藏于美国普林斯顿大学美术馆，仿佛一段中国古代文人漂洋过海的风雅往事。

不过，这"往事"还藏着一段尾声。

次年，汪士慎作《清夜烹茶图》立轴，专门感谢焦五斗馈赠雪水煮茶——如果说《乞水图》是事前的"敲门砖"，那《清夜烹茶图》就是温情款款的旧事重提了。古人凡事能善始善终，这是值得我们学习的地方。《清夜烹茶图》里，一人开轩独坐，轩后疏竹掩映，轩前绿松挺拔，一童子侍于茶炉之旁，清幽的画境与主人高旷的情怀相得益彰。画右上方有题款："舍南素友心情美，惠我仙人剪花水。西风篱落飘茶烟，自坐竹炉听宫徵。杉青月白空斋幽，满椀香光阳羡秋。欲赋长歌佐逸兴，吟怀一夜清悠悠。五斗焦子贶雪水旧句。辛酉仲冬录此以博大雅一笑。巢林汪士慎写。"

从款识看，应该是汪士慎闲来忆及往事信笔写就的。

一只欲飞的山雀

　　一枝梅斜伸而下，另一枝梅向上逸出，仿佛分道扬镳的两个老朋友，可它们分明是一株梅上的两枝。也许，这就是花开两朵，各表一枝吧。无论如何，梅花开得艳，一朵一朵的花骨朵，大小不同，都在尽情地绽放自己。梅的下方，是淡墨的山石，隐约，似有似无，山石之侧，是开得热烈的水仙花，是安静的茶树。它们联合起来，仿佛是一幅沉默不言的山野图，有些空寂。就在哑然于这样的乡居时光时，我发现了梅枝上那只小小的鸟。它隐身于梅花里，稍不留意，就忽略而过。细细观之，它是一副想飞的样子。它想去寻找一场漫天的大雪么？

　　一只欲飞的山雀，让整个画面活了。

　　《水仙茶梅图》，立轴，绢本，设色，纵 118.3 厘米，横 42.9厘米，南京博物院藏，清代画家姜泓的作品。姜泓，生卒年不详，泓一作泫，字在湄，号巢云，杭州人。

水仙茶梅图　清　姜泓

芭蕉叶上的侍女

　　江南的夏天，燠热得像锅里蒸包子，热气一动不动，加上心不静，就更热了——更热了，心就更不静了，心不静了，总得找点事做。恰好，浙江博物馆武林馆区有一场名曰"惠世天工"的展览——从当地晚报的预告新闻看，这场展览关乎中国古代发明创造的茶、酒、铜镜以及漆器，皆为旧时风物，颇为雅致。于是，大热天跑去看，想从遥远的古旧时光里寻找一丝清凉。

　　这里只说偶遇的一幅茶画。

　　在展区不起眼的一角，一幅《煮茶图纨扇轴》，画里的侍女，优雅地坐于芭蕉叶上，旁置一炉、一壶、一扇、一水瓮。细看，她的目光似有游离之味，像是沉浸于昨日之梦，还没缓过神来。画家还自题诗一首——画家是近代"海上画派"的代表人物任熊，我颇为面熟——所谓面熟，是我迁居杭州后研究萧山历史文化时，这位生于萧山城厢镇的文化名人自然是一个绕不过的关键词。他是任伯年的知遇之师。我曾细读过他的山水名作《十万图册》——请注意，

煮茶图纨扇轴　清　任熊

不是十万黄金的图册，而是十幅皆以"万"字打头的山水，如"万点青莲"，如"万竿烟雨"，幅幅意境深远，极具浪漫情调，让人对江南美景心生向往。相比之下，他的人物画更具历史价值，这可能与他的人物画均印为木刻画谱流传甚广有关。由此可见，一个艺术家始终离不开有效的传播方式。不可否认的是，这一点对清末版画的发展起到了推波助澜的作用——这位被我偶遇的侍女，就是他人物画的一种，造型古拙，有浓烈的世俗气息，甚至能让人联想到他在《姚燮诗意图册》的诸种人物。所以，在我看来，与其说是与端坐芭蕉叶上的侍女邂逅，不如说是与一段晚清的旧时光不期而遇。

当然，如果没有张宗祥的捐赠，我连"邂逅"的门都没有！

张宗祥是西泠印社第三任社长，著有《张宗祥印选》、《张宗祥藏印选》等著作。他在目录版本校勘方面功力颇深，曾补抄文澜阁《四库全书》等各种古籍，后来还把毕生所抄稀世善本、孤本二千卷捐赠给浙江图书馆。真该谢谢张宗祥，如果没有他的捐赠，我就无缘见到这幅画，也就不能和这位坐在芭蕉叶上的侍女相遇在江南夏日了。而且，也就没了那一夜的无比清凉了。

艺术的功效，既等于零，又大于零，这恰恰是它神乎其神的地方。观展归来的晚上，清风徐来，心意悠然，白日里的烦闷一扫而空。我推窗远望，星光灿烂，忽然想起任熊题在画上的诗："江南好，好去作生涯，镇日饥餐僧打饭，随时渴饮妓煎茶，夜宿任谁家。"反复朗读数遍，颇有唐朝词人韦庄《菩萨蛮》的韵味。

中国茶馆

中国茶馆的历史，可以追溯至唐。《封氏闻见记》里记载的那间"不问道俗，投钱取饮"的店铺，该算最初的雏形了。自此以后，随着茶的日渐普及以及茶文化的深入人心，茶馆的发展也经历着一个从少到多、从简单的歇脚解渴到超越了普通食文化意义的漫长过程。但是，中国的茶馆从一开始就如影随形的公共属性，随着时代的变化而不断嬗变。无论名为茶肆、茶坊、茶舍，还是茶亭、茶楼，它都离不开平民的广泛参与。尽管中国古代文人的介入也推动了茶馆的发展，但平民化自始至终都是中国茶馆生生不息的力量源泉。

一部茶馆史，半部中国史。这是我对中国古代茶馆的基本认知与理解。

据《梦粱录》可知，南宋时期茶馆已经日臻完备，既是茶客们饮茶解渴之所，亦被赋予了丰富的社会内容，所谓"大凡茶楼皆有富室子弟，诸司下直等人，会聚习学乐器，上教曲赚之类"。

民国茶馆

除此之外，还有以茶水为噱头从事色情行当的"花茶坊"，甚至还有"人情茶肆"，也就是类似于今天从事中介业务的劳务市场。到了元明清时期，随着市民阶层的兴起、曲艺的流行，茶馆也迎来了一次小小的高潮。读《水浒》就会知道，无论城市还是村镇，茶馆遍地皆是，而且，评书、弹词纷纷进入茶馆，它们相互滋养，这也是明清两代通俗文学之所以繁荣的原因之一，至少，茶馆推波助澜的作用功不可没。其实，这个道理很浅显，就像这个时代

茶店一角　丰子恺

的网络文学市场可观一样，那时候人人喜欢泡茶馆里听书看戏，通俗文学自然会被带动起来。

中国古代的茶馆还带有明显的地域特色。这种地域特色，其实是地方文化的反映。巴山蜀水间的四川茶馆，与吴越文化背景下的苏杭茶馆以及皇城根下的北京茶馆风格不同，它们自成体系各有千秋，与一方山水保持着高度默契。相较之下，四川茶馆的社会功能可能更强大一些，苏杭一带的茶馆因地理上的山秀水美以及东南地区历史上是佛道胜地，所以比较讲究茶馆的自然环境，也多了些仙气、儒气以及雅气。而北京茶馆，以首善之地的便利，功用更齐全，文化内容更丰富。老北京的茶馆，与市民文学、游艺、社交结合紧密，因此，三教九流、士民众庶都会经常光顾，这从老舍的名剧《茶馆》就能看出来。

清代的北京，有名气的茶馆不少，老字号里就有东悦轩、福海轩、天桥茶馆等。这些茶馆除了说书，还能唱戏，茶，充其量只是一种媒介。梅兰芳曾撰文回忆："最早的戏馆统称茶园，是朋友聚会喝茶谈话的地方，看戏不过是附带的性质。"现藏于首都博物馆的清光绪年间的《茶园演剧图》，就真实地再现了清代茶馆的社会风俗。观其画，台上演得认真而卖力，而台下茶客左顾右盼者，东张西望者，窃窃私语者，应有尽有。也许，他们中间有失意的官僚，有飞扬跋扈的商号老板，也有精明的账房先生、进京的书生，他们集体构成了一幅清代现世图。

　　有趣的是，画中戏台上的那副对联，竟然这样写道："金榜题名虚欢乐，洞房花烛假姻缘。"这样的句子，一定出自一个虚无主义者的笔腕。

　　丰子恺的《茶店一角》，也能窥见茶馆的风貌。一桌茶客，围坐一起，聊天说话——他们就是一个小小的社会阶层，家长里短，闲言碎语，一个都不能少。因为，茶店立柱上贴着四个字：莫谈国事。撇开画的讽刺意味不谈，单从茶馆的角度讲，这样的"茶店"其实是老北京的茶棚，陈设简单，方桌木椅，春夏秋三季在门外或者院里高搭凉棚，前棚散客，室内常客，院内的雅座是留给稍微有点地位的人，但总归都没有离开大众消费的范畴。古诗里"闲来无事茶棚坐，逢着人儿唤呀丢"，大概说的正是茶棚风景。

芭蕉夜雨自煎茶

　　数年前，在江南游历时偶遇芭蕉，叶大而绿，高舒垂荫，不禁伸手抚摸，顿生怜爱之情。后来南迁西湖之畔，与芭蕉每每遇之，仿佛遇到了老家门口的柳树槐树，有些熟视无睹。这大抵也是人与植物之间的一种关系吧。不过，每逢雨天，深重的夜色里，喧闹的尘世归于安静，恰有雨打芭蕉，声声越窗而入，犹似纤纤素手拨动心的琴弦，常常令人失眠。这失眠，不是对遥远古代芭蕉夜雨的心弛神往，而是客居他乡的落寞与孤独。这几年，对抗孤独的办法就是乱翻书——今夜，就翻几页与芭蕉有关的画儿吧。

　　在嘉兴旧书摊里淘来的一册地方史志书里，有一幅《蕉阴试茗图》，一位两手紧握书卷的仕女立于蕉叶之下，旁边的石台上，瓶罐排列，水壶架于炉上，可能是刚刚入秋，绿意还算盎然，甚至能看清芭蕉叶脉的走向。可我始终看不清这位仕女内心的走向，她身体微斜，一副沉思状，头发以浓墨梳理，脸上施粉，丹凤眼，樱桃口，端庄温婉。她身后的点点竹叶，斑驳疏影，辅以假山，

蕉荫品茗图　傅抱石

有一丝孤单弥散开来，让我竟然生出同病相怜的感觉来。

画是扇面，现藏于嘉兴博物馆，作者费以耕，一位之前未曾听过的画家。费的生年不详，卒于1870年，今浙江湖州人。画承家学，擅长仕女画，兼工花鸟，风格清丽。画作于清同治六年（1867），且有落款："蕉阴试茗，云峰仁兄大人雅正，丁卯新秋七夕前一日，馀伯费以耕。"

时近癸巳中秋，窗外桂花飘香，画里美人加深了异乡人的寂寞，可寂寞无主，还是接着看芭蕉吧。

在《乘凉》一文里我曾提及过傅抱石的《蕉荫品茗图》，是一幅我特别偏爱的画。从款题看，此画"写于东川金刚坡下"。1939年，傅抱石入蜀寓居重庆西郊金刚坡下，羁留川东前后八载。在这八年里，他成功地找到了自己独特的艺术语言，以前无古人的"抱石皴"令画坛为之一振。1942年，画家在重庆成功举办了"壬午个展"。他在《壬午重庆画展自序》中写道："成渝古道旁，金刚坡麓的一个极小的院子里原来是做门房的，用稀疏竹篱隔作两间，每间只有不过方丈大……写一封信，已够不便，哪里还能作画？不得已，只有当吃完早饭后，把仅有的一张方木桌，抬靠大门放着，利用门外照来的光线作画。画后，又把方木桌抬回原处吃饭，或作别的用途。"傅抱石在如此艰苦的环境下潜心作画，而且完成了"抱石皴"的升级转型。《蕉荫品茗图》作于1943年，晚于"壬午个展"。在高而宽的蕉叶下，人仿佛小了，小得要退出尘世的样子，而杯子里的茶，也一定在慢吞吞地喝，反正，有的是时间，有的是一派清凉，这样的清凉，是心绪平静之后难得的一份惬意。

异乡的孤单之夜，傅抱石的芭蕉宽叶让我忍不住觉着自己借居的陋巷大抵与傅抱石当年的情状差不多。此际，窗外的雨声大起来了，秋雨遇到芭蕉的声音，脆亮而凄迷。杜牧《芭蕉》诗曰："芭蕉为雨移，故向窗前种。怜渠点滴声，留得归乡梦。"点点滴滴的雨声里，等天明。不知，这是否像古诗里说的"疏雨听芭蕉，梦魂遥"呢。

"仙乎仙"

1927 年的初冬，吴昌硕突然中风，在上海谢世，享年 84 岁。六年后，其墓迁葬于浙江余杭塘栖超山的报慈寺西侧山麓，墓之侧，就是宋梅亭。墓门石柱上有一联曰："其人为金石名家，沉酣到三代鼎彝，两京碑碣；此地傍玉潜故宅，环抱有几重山色，十里梅花。"超山的梅花远近闻名，与西溪、孤山并为杭州的三大赏梅圣地。吴昌硕的魂灵安息于这样一片清雅之地，实在是再好不过了。

他的一生，几乎一直都爱着梅花的。

青年时代他还在家乡安吉时，就在耕读之地芜园遍植梅花。晚年的他曾如此深情地回忆："余亦有园，曰'芜园'，在吾里。丛篁古梅，不修治者久矣。以视斯园，广狭虽殊，然一丘一壑，皆在天壤，余魂梦亦思芜园也。"据说，吴昌硕在芜园最喜欢的一件事就是一边品茶，一边赏梅。他后来在一幅梅花图的题款里这样写道：雪中拗寒梅一枝，煮茗赏之。茗以陶壶煮不变味，予藏一壶，制甚古，无款识，或谓金沙寺僧所作也。即景写图，销

煮茗图　吴昌硕

金帐中浅斟低唱者见此必大笑。

折一枝梅花带回家的吴昌硕，留下的不只是一室清香。他还把对梅花的痴恋与茶的清香杂糅其中，尽情泼于纸上。

六十四岁的吴昌硕，画过一幅《煮茗图》，纸本，水墨，纵105厘米，横55厘米。画之右，有一泥炉砂壶，炭火烧得正旺，左侧的梅枝，花萼灿然，与一柄大芭蕉扇温暖相依，半倚泥炉半靠梅枝，似是扇旺了炉火，催开了梅花。画上方有题款曰："阿曼陀室有此意，屡模不得其味，兹以武家林石画参用，庶几形似而已。苦铁。""阿曼陀室"是另一位西泠八家之一陈鸿寿的斋名。此款大意是说，仿的是陈鸿寿的画意。画左题款，曰："正是地炉煨榾拙，熳腾腾处暖烘烘。缶道人草草弄笔。岁丁未四月。"长长一行，金石气十足，看上去有点把斜倚的梅花轻轻扶住的意思。

十年后，他又画了《品茗图》。

他用粗犷豪迈的篆法用笔，绘出古朴质拙、憨厚敦实的茶壶与茶碗，且一改浓墨重彩，施以淡墨；三枝寒梅横于纸上，花开朵朵，自右上一直向左下斜出，俯仰、正侧、向背、交叠的梅枝与花萼，生动有致，情趣别出。画左有款："梅梢春雪活火煎，山中人兮仙乎仙。禄甫先生正画。丁巳年寒。"可见，这是一幅赠人之作，但其过人之处是从古人的雪水煮茶脱胎而出——不仅是雪水煮茶，而且是用梅梢的春雪来煮茶，这真是风雅中的风雅，除了神仙还能有什么人享用呢？

品茗图　吴昌硕

"仙乎仙"一词，真是精妙，仿佛在晚清的历史迷雾里留下了一抹风雅的背影。

　　吴昌硕的茶画里，除了梅花，还有朵朵淡淡的秋菊。明清以来，清供图是文人画家信手可拈的题材，吴昌硕就是一位清供图的高手。他画过不少清供图，或迎岁，或赠友。《茶菊清供》是其盛年之笔，在少见的横构图里自右至左，依次为壶、杯、盆栽的菊花、苍石、斜陈的墨笔白菜以及大篮菊花。画中物象，错落有致，设色浓而不艳，大写意的笔法里透出金石情趣。此画题款为："小烟波钓徒属写，为拟赵无闷。甲寅五月客芦子城畔，吴昌硕。"钤印：仓硕、归仁里民。收藏印：吴璧城鉴定印、来苏楼。

　　这一次，他偏爱的紫砂壶，不见了。

　　据说，吴昌硕喜用紫砂壶品茶，每次画完画写完字，喜欢悬之于墙，手握茶壶，且饮且赏。

寒夜客来茶当酒

宋代诗人杜耒的名气不大，但一句"寒夜客来茶当酒"足以让他名垂诗坛。这首诗在茶学里的贡献至少有两点，一是首次在诗歌里提了茶具竹炉，二是寥寥数笔就创造了一种独绝千古的意境，且让后世的画家乐此不疲地画着。

细细一想，意境之美在哪里呢？

中国书画是条流动的河，在这条漫长的河里随便就能捡拾几枚被岁月淘洗过的石头。比如种豆南山，比如抚弦弹琴，再比如寒夜客来茶当酒。缘自杜耒《寒夜》的"寒夜客来"，把漫漫寒夜、远方之客、竹炉以及点点梅花集合在一起，让一个原本朔风吹刮寒意彻骨的夜晚充满了尘世间的脉脉温情：故友到访，披衣而起，倒屣相迎，虽厨无余香，柜无佳酿，然捧雪融水，生火煮茶，竹炉里的松炭星火四溅，釜中的茶汤翻来滚去，且有室外数点梅花默默相伴，亦是人间围炉夜话的一个美好夜晚，何谈寒冷？也许，这是一份清贫的招待，但朋友的真情在，故人知心的温暖在，寒

寒夜客来茶当酒　齐白石

夜是风雪的事，所以，这样的寒夜恰恰是温暖的。虽然没能温壶煮酒，只是清茶一杯，恰好是朋友深情厚谊的明证，就像老朋友见面无须寒暄握手一样。

这样的意境，不知被多少人曾经画过。齐白石画过一幅，画名就是《寒夜客来茶当酒》。

说实话，画这样的夜晚需要足够的艺术勇气与胆识。因为古代诗人本来就把意境写绝了，留给你发挥的空间太小太窄，若不能匠心独运举重若轻，不但会弄巧成拙，还会坏了人家的诗意。好在齐白石有这样的"金刚钻"，也就底气十足地揽了这样的"瓷器活"。青色细颈的胆瓶里，一枝梅朝左逸出，十数朵梅花星星点点地开着；梅前有油灯一盏、提梁壶一把，这把墨色中略微带了一点赭石之色的提梁壶，看起来质感强得让人忍不住伸手去摸；那么，寒夜里的灯火该如何入画呢？齐白石可谓用心良苦，以巧笔而施星星点点，以显寒夜之寒——整幅画就是如此简单，略去了主人，也略去了宾客，全凭读者的想象力了。

黄宾虹、潘天寿皆为近现代画坛上的大师，就是这样两位画家，偏偏合起来画了一幅《寒夜客来茶当酒》，那会是什么呢？

1948 年的中秋节，潘天寿画了这幅画，一把茶壶，一束花，小品的意境里有着潘天寿式的气势磅礴，疏密虚实，布局得当。黄宾虹见此画，在画的下方添了一把蒲扇，扇上还架着一把火钳，并且补签了"宾虹补钳"四字。

寒夜客来茶当酒　黄宾虹、潘天寿合作

　　有人说此画系仿品，因为 1948 年的潘天寿，书风已成，而此画的题款不似他的风格。书画市场的真真假假难以分清，我不想执着其真伪，我只想陶醉于一个寒夜客来、以茶当酒、持茗言欢的温暖之梦里。

齐白石的茶画

齐白石最早的茶画，应该算《寒夜客来茶当酒》，约略作于1930年至1940年之间，看着画里的油灯，总能想起齐白石作为一个贫寒子弟好学的人生经历。他十八岁的时候，跟随周师傅走乡串户做雕花木活时，在一户雇主家借到了一册乾隆年间刻印的《芥子园画谱》，遂花去半年光景，硬是在一盏油灯下用薄竹纸勾影，染上色，装订成厚厚的十六本。

这是我若干年前读齐白石年谱时知道的，当时被他好学的精神震撼了。

大约在1940年至1945年之间，齐白石作《梅花见雪更精神》。此画中，齐白石沿袭了《寒夜客来茶当酒》的部分画法，也是花青色的细颈长脖花瓶，也是一柄提梁瓷茶壶，甚至也有两个小小的白瓷茶杯，只是瓶中的梅花变了，红得格外精神，有点人逢喜事精神爽的感觉。

齐白石的《煮茶图》。作于1940年，一赭石色的风炉上，置

煮茶图　齐白石

一柄墨青的泥瓦茶壶。风炉右侧是一把破了的大蒲扇，扇下是一把火钳的长柄，蒲扇的破裂处也露出火钳的尖角——单就这些，已经够"俗"了，他还偏偏在旁置三块焦墨的木炭，黑得像是刚从炉火里取出来似的。画的右上角以篆体书"煮茶图"三字，落款"白石山人"。其实，齐白石鲜以"山人"署名，几乎仅见于茶画中，表现了画家在日常生活中对煮茶事茗的浓厚兴趣，以及对山乡生活和大自然的热爱。齐白石曾在《小园客至》一诗里写过"筠篮沾露挑新笋，炉火和烟煮苦茶"的句子，这幅《煮茶图》就像是他在丹青世界里对诗句的一次有意延伸。如此这般的大俗大雅，画出来真有意思，尤其是那把破蒲扇，让人爱极了。

齐白石1945年画成的《砚和茶具》，高古，清远。空空如也的玻璃杯，两枝兰花、瓷茶壶、毛笔和砚台，组成一幅清雅的案头清供图。清人梁巘曾云："品茶试砚，是人生第一韵事，是吾辈第一受用。"而齐白石什么也不说，只是把茶香与墨香杂糅在一起，让你闻。

齐白石的《新喜》，看其名与茶无关，观其画却能从黄橘红色的一串鞭炮、白瓷圆腰长花瓶中的艳红而又繁盛的红梅之间，见到那柄有游龙纹饰的大茶壶以及白瓷小茶杯，跟红红的方柿搭配在一起，满图的喜悦。

齐白石还有一幅略去梅花的《茶具图》。画面上，一把茶壶，两只茶杯。两只茶杯颇有个性，一只稍大的茶杯极不合理地居于

茶具图　齐白石

左上题款之下，另一只稍小的茶杯，猛一看像一团漆黑，若不是巧妙地留一点白，一定误以为那是一团木炭。他的款识"九十六岁白石"，一派孩童口气，丝毫没有老迈之意。

有几年时间，我集中读齐白石的画册，最深刻的感受也就是大家常说的一个词：大俗大雅。人间方物，不分大小，皆可入画，如萝卜，如葡萄，如大白菜。这其实是一个大艺术家的境界，这一点反映在茶画上，就是他没有把茶客搬入景色怡人的山水之间，而是在火炉边，在一把破了的蒲扇前，在几枝梅花前，不远不近，不高不低，似乎想让你明白，茶就是柴米油盐酱醋茶的茶，是人间俗世里不可缺少的某种生活。

山居岁月

2012 年的初秋，我去苏州玩，苏州图书馆的小江带我去苏州博物馆玩，给我留下的深刻印象有二，一是贝聿铭不愧是大师，设计的苏州博物馆真好；二是博物馆里的吴中风雅展区颇有意思。就是这次，恰好碰上了黄宾虹的画展——这场名为"冰上飞虹"的特展，共展出他不同时期的五十余幅作品。与这些山水画作的不期而遇，是我苏州之行的意外之喜。回来后，思绪似乎还沉浸在他变化多端的笔墨里，索性于夜深人静时找出他的画册翻看，居然碰上了两幅与茶有关的画作。

一幅是《煮茗图》。另一幅是《溪亭待茗图》。

《煮茗图》收录在《浙江四大家——吴昌硕 黄宾虹 潘天寿 陆俨少作品集》，西泠印社出版社 2010 年出版。《煮茗图》里，翁翁郁郁的林木，潺潺的溪水，山径小桥，小屋数楹，主人凭栏独坐，桌上茶具已备。画中人是黄宾虹一贯的风格，简疏，萧散，甚至说整幅画作也是他一贯的浓、焦墨中兼施重彩的传统画法，山水

煮茗图　黄宾虹

的清妍秀润把山居时光的安静气息衬托得更加安静，仿佛整个世界只剩下溪流、鸟鸣。画上有款："洞壑幽奇林气香，晴云晶白雨云凉。人间炎暑蒸不到，一枕松风鹤梦长。实秋先生属。宾虹。"钤印：黄宾虹。鉴藏印：朱华、实秋、十砚千墨之居。这里的"实秋"，正是以雅舍小品而出名的散文家梁实秋先生。

黄宾虹的《溪亭待茗图》，让人一下子能想起李清照的《如梦令 常记溪亭日暮》。其词曰："常记溪亭日暮，沉醉不知归路。兴尽晚回舟，误入藕花深处。争渡，争渡，惊起一滩鸥鹭。"李清照在这首词里写的就是一次郊游经历，这次郊游因为兴之所至，以至忘了归路。而这次郊游去的是哪里？

郊外临水的小亭子。

《溪亭待茗图》画的也是一个临水的小亭子。

群山深处，临水的小亭，两三座，一位高人面水而坐，他的眼前，是一杯即要沏好的茶。人，小得快要找不到了，仿佛遁入山水深处。整个画作有一股隐逸之风扑面而来，自从北宋逸品美学观建立之后，称得上逸品的画作屈指可数，能达到逸品境界的画家更是凤毛麟角。黄宾虹的画可称逸品，在画史上绝无异议。读来有趣的是，黄宾虹在画里的款识里谈起了画艺："气韵生动全在笔墨，笔有力而后苍，墨能润而始韵。学娄东虞山者专事干皴，以为修深。此画学所由，日逊古人也。癸未（1943年）虹叟画。"

黄宾虹还画过一幅以溪亭命名的《溪亭待渡图》。都是溪亭，

溪亭待茗图　黄宾虹

一为待茗，一为待渡。画中款曰："泊舟风又起，系缆野桐林。月在楚天碧，春来湘水深。黄宾虹画。"读这样的款识，仿佛置身远离尘世的山中深林，只听见寂静的风声轻轻吹过时传过的回声。

祖籍安徽歙县、生于浙江金华的黄宾虹，一生以山水为业。他曾九上黄山，五上华山，四上岱岳，写生画稿数以万计，足迹遍布名山大川。如此经历，他笔腕下的山水也就得了山水的神韵，是真的山水。在这个浮躁的年代读他的山水画，让人能生出远荣利安贫素的隐逸之情：与山水为伍，每天鸟语花香，持盏品茗，坐观青石，仰看白云。

但，又有几人能做得到呢？

白马湖畔，月天如水

　　在茶楼的一角，一张木桌上，一把茶壶，三只茶杯，在疏朗简洁的笔触里彼此张望着。廊上是卷上去的竹帘，映入卷帘的是一钩新月，如微睁的眼，悬于天际，独自注视着这个茶楼。好像就在刚才，几位老朋友在这里品茗叙旧，高谈阔论，店小二笑容可掬地递茶送水。大片的留白里，题款是：人散后，一钩新月天如水。

　　这正是丰子恺的漫画《人散后，一钩新月天如水》。

　　这帧有着宋元小令般意境悠远的水墨漫画，是20世纪20年代丰子恺公开发表的第一幅作品。彼时，他正在浙江上虞县白马湖畔的春晖中学任教——千万别以为这是一所普通的乡村私立中学，它在中国现代教育史上堪称一个无法复制的奇迹。民国十年，原浙江省立第一师范学校校长经亨颐在家乡上虞创办春晖中学，夏丏尊应邀受聘返乡。为实现理想教育，夏丏尊邀请了一批志同道合的同志者来到春晖中学，在白马湖畔营造了一个宽松的教育

人散后，一钩新月天如水　丰子恺

环境。很快，象山脚下的白马湖畔群贤毕至，从 1921 年到 1925 年，来这所学校先后任教的有夏丏尊、朱自清、丰子恺、朱光潜、匡互生、王任叔（巴人）、杨贤江、刘董宇等。再看看曾到这里居住或者讲学的名单：蔡元培、李叔同、何香凝、黄炎培、柳亚子、张闻天、俞平伯、吴觉农、蒋梦麟、于右任、吴稚晖。仅从这个名单，就能清晰地意识到，这所曾经的私立学校是多么让人望尘莫及。尽管，它持续的时间并不长——后来，因一次"毡帽事件"而引发学潮，不少人愤而离校——但丝毫不影响它成为上世纪 20 年代中国教育史、文化史的一道独特景观。

丰子恺在春晖中学任教，他居住的"小杨柳屋"与夏丏尊的"平屋"相距很近，算得上一对高邻。在小杨柳屋里的丰子恺常常随手描画一些画稿，内容多取自孩童稚趣、学校的日常场景以及乡村生活。他的这些画作得到了夏丏尊、朱自清的肯定和欣赏。于是，丰子恺每有新作，就张贴在小杨柳屋的墙壁上，微风吹过，画页就发出飒飒的声响。

《人散后，一钩新月天如水》就画于春晖中学。此画表达的正是他们在小杨柳屋里欢聚后的心境：友人散去，新月当空，夜色清幽，房舍寂静。后来，丰子恺举家迁到白马湖之后，曾写过一篇散文《山水间的生活》，谈到了在春晖的山居岁月。他写道："我对于山水间的生活，觉得有意义……上海虽热闹，实在寂寞，山中虽冷清，实在热闹。上海是骚扰的寂寞，山中是清净的热闹。"

藉此可以看出，丰子恺在此画里画下的正是这"清净的热闹"之后的寂寞与怅然。这也恰好印证了他对自己漫画的思考："我不会又不喜作纯景画或花卉等静物画。我希望画中含有意义——人生情味或社会问题。我希望一幅画可以看看，又可以想想。"

他这种画法的灵感源自对古诗的阅读。他后来在《画中有诗》一书的自序里如此回忆："余读古人诗，常觉其中有佳句，似为现代人写照，或竟为我代言。余每遇不朽之句，讽咏之不足，辄译之为画。不问唐宋人句，概用现代表现。" 其实，《人散后，一钩新月天如水》"译"的是宋代词人谢逸的《千秋岁　夏景》中的最后两句。这首词全词如下：

> 楝花飘砌，蔌蔌清香细。梅雨过，萍风起。情随湘水远，梦绕吴山翠。琴书倦，鹧鸪唤起南窗睡。　密意无人寄，幽恨凭谁洗？修竹畔，疏帘里。歌余尘拂扇，舞罢风掀袂。人散后，一钩新月天如水。

在浩繁的宋词里，《千秋岁　夏景》不算什么，其点睛之笔全在结尾，而丰子恺慧眼独拾，取的恰是结尾。此画一出，朱自清极为赞赏，将其收入他与俞平伯等人合编的不定期文艺杂志《我们的七月》，这幅漫画也就成了丰子恺公开发表的第一幅作品。郑振铎读到后心生欢喜，辗转找到丰子恺，并在他掌舵的《文学周报》上大量刊发丰子恺的画作，且冠以"漫画"之名，这也是漫画这一画种在中国现代绘画史上的首次出场。就这样，丰子恺的无意之笔成为中国现代漫画的开山之作，也成为现代茶画的经典之作，只是茶香里少了清雅闲淡，多了些现代文人雅聚之后怅然若失的苍凉与孤独。

晚年的丰子恺，还画过一幅《人散后，一钩新月天如水》，收入画集《敝帚自珍》中。似乎还是这家茶馆，月色依旧，但简陋的茶桌换成了茶几，壶、盅换成了玻璃杯，两张藤椅分列茶几两侧，亭柱也已挺拔，竹帘只占画面一角，不像原来那样占据了整个画面的上方——这种局部的细微变化让之前的压抑感彻底消失了，缩小了的月亮因为横于画中而显出夜空的辽阔。两幅同一题材、甚至同一画名，看似有着同样的平白清淡，但细细比对，余味迥然不同，最大的不同在于时间的纵深感穿透其中——也许，一个优秀的画家才能画出时间的飞逝与梦境的遗落。

后来，闲读丰子恺的《护生画集》，才发现这部以护生为主旨的画集里有不少喝茶的场景。约略记得在《催唤山童为解围》《好鸟枝头亦朋友》、《春草》、《新竹成阴无弹射 不妨同享北窗风》里，皆有一把古拙的茶壶。

闲来松间坐

闲来松间坐，是唐代诗人陆龟蒙的句子。他在《奉和袭美茶具十咏》里这样写道：闲来松间坐，看煮松上雪。古人的生活真风雅，既有闲可坐，还能烹雪煮茶。在2013年的西泠春拍，张大千的《春日品茗图》，画的就是一位高士闲坐松间等待朋友来喝茶的场景。

我对张大千，并不陌生。

这得从他的敦煌之行说起。1941年3月，张大千远赴甘肃敦煌，开始长达两年多的潜修佛画——其实早在1940年他就到过敦煌，只因家事又匆匆折返。1943年，张大千从敦煌返回时途经我的家乡甘肃天水，且逗留数日。期间，天水当地的张筱辰、汪青、范沁等名人雅士常常作陪，欢聚一堂，赋诗词，品茶茗，度过了一段风流蕴藉的清雅时光。我在天水生活多年，所以，每逢因公撰写些介绍天水历史文化的稿子时，总会拿出张大千的天水之行炫耀一番，以显示这座城市的文化之深厚。现在想来，实在是可笑。

《春日品茗图》，是张大千结束敦煌石窟的三载面壁揣摩后回到青城山创作的。这也是他创作力最为旺盛的一段时间。之前，他痴迷青绿山水，研习文徵明、仇英等吴门画派大师，而敦煌三年，他对明代张大风的古拙、清人石涛的飘逸甚至唐代的笔意兼收并蓄，这也恰好成就了他人物画的鼎盛时期。《春日品茗图》里，苍翠嶙峋的山坡垒石、翠色欲滴的离离春草，皆以石青、石绿描摹，有踏青茵沐春风之感，而高士的身下之席与童子的上襦偏偏设为红色，艳得浓烈，但不俗。画中的人物明显有了敦煌壁画的影子——手持拂尘闲坐松下的高士，有"春风复多情，吹我罗裳开"的飘逸之感，这恰好是隋唐壁画的精髓所在；细笔写就的古松，简洁，干净，没有旁逸；画中杂树，干笔皴擦，焦墨点苔，一看便知是老叶尚未褪尽、新枝还未长成的早春时节；神色澹泊的高士，悠然倚几，书卷在侧却无心卒读，将目光投向蹲踞在炭炉前摇扇煮水的小童，若有所思。无论笔意、造型还是设色，在长于"工"的基础上，与文人水墨画发生了很好的交汇。

几案上摆放着的用白蒲编卷而成的畚，那是《茶经》里品茶二十四器之一；碗已取出三只，量茶用的则放置其上，想来壶中煮着的泉水还未沸腾，儒者所约之客还未到来，香茶尚在罐中，雅集只差高人。这，该是一场等待着的雅集。客人未至，主人闲坐春风，风吹来又吹走了。高士的背后，是时间的留白，一种深邃缥缈、高洁无瑕的空间感，能让人想起敦煌壁画里的凌空飞天。

张大千在画作上题诗曰："腥瓯腻鼎原非器，曲几蒲团迥不尘。

春日品茗图（局部）　张大千

排周蜂衙悬日半，洗心闲试酪奴春。"所谓"腥瓯腻鼎"，就是受了污染的茶具，自陆羽《茶经》问世以来，文人雅士饮茶视其为"非器"，绝对不会用的；所谓"曲几蒲团"，语出辛弃疾《满江红》，是日常起居里的必需品，有高妙辞章浸染，远离世俗尘埃；"蜂衙"化用元代钱霖《清江引》里的"高歌一壶新酿酒，睡足蜂衙后"，活用此处，足见其用遣词造句的功夫，将"春日品茗"在午后时间一语点明；"酪奴"则是北魏时对茶汤之戏称。

　　——这样的题诗，像一个隐喻，借茶具之清洁道出隐士的卓尔不群、高洁雅妙。

　　近代画坛上，张大千的轶事颇多，尤其在造园、美食、品茗等日常生活的故事数不胜数。他的日常生活，有着成都盆地四川人闲散的风格，"摆龙门阵"、品茗、逛花园、作画，年复一年，雷打不动。据说，他平时喝茶也很挑剔，在大陆只喝西湖龙井茶、庐山云雾茶，在日本喝玉露茶，在台湾喝铁观音。除此之外，他对用水及茶具极其讲究。这样的生活习性，似乎在春日品茗图里略见一斑。

西子湖畔、孤山南麓的西泠印社名闻天下，而每年的西泠印社春拍，仿佛吹皱一池春水似的，总能让国内艺术品收藏市场眼前一亮。2013 年的夏天，开拍之际，我跑去凑了一趟热闹，除了人多，还是人多。拍卖现场，张大千的《春日品茗图》从 90 万元起拍，最终以 471.5 万元成交。他的另一幅画《秋江夕照图》，280 万元起拍，368 万元成交。

那天，人流涌动的拍卖现场，我才知道，这哪是闲来松间坐，分明是一个望不见边界的江湖。

跋

几年前，我与"茶画"不期而遇。

我本愚钝，但亦有心，陆续从画册里拣拾出这些与茶有关的画，且称之为"茶画"——到底有没有茶画一说，我并不清楚。反正，我一直这么称呼，也习惯了。闲下来的时候，喝杯茶，翻翻画，一个下午或者一个夜晚，就过去了，也算得上是以无益之事遣客居南方的无涯之年。我不但闲翻，还零星写了些与之相关的文字，算是赏读笔记吧——说是赏读，又像是一个人的自话自说。不管是什么，都在这里，不说也罢。

说点别的。

所谓"别的"，其实是几句真心话。我要感谢几个人：阮浩耕、陈云飞、况正兵和张梅。阮浩耕是全国著名的茶学专家，他对书稿的审读让我稍稍有些底气；陈云飞是杭州韩美林艺术馆副馆长，一位不事张扬的茶学专家，我与她的一面之缘是在 2013 年灵峰茶会上，匆匆几句话就告别了，后来鲜有联系，直到书稿待定之际，我短信她求其斧正,她爽快应承下来,在百忙中提出不少修改意见,并将我引荐到阮浩耕先生跟前,让我一睹茶学前辈的风范;况正兵,浙江古籍出版社社长助理,我写杜甫的一本书就是他编辑出版的,这一次,他从文史的角度对书稿进行了修订;还有我至今未曾谋面的散文家张梅,在繁忙的工作间隙核校了整部书稿——他们的友情出场,让我这册小集子免去不少硬伤,这是最让我感念不尽的。

其他的,不说也罢。

写到这里,忽然觉着,所谓人生,也就大抵如此了:一杯茶,几个朋友,读书、写字、闲逛,一晃,人生的暮年就来了。

2013 年 7 月 21 日